凌道扬 姚传法 韩安 李寅恭 陈嵘 梁希年谱

中国林业事业的先驱和开拓者

踏出国门，学习现代国家体制下的林业知识
学成回国，把林业作为自己的职业
扎实工作，为林业事业摇旗呐喊汇集力量
身体力行，推动林业建设和国家林业制度的建立
彰显成就，使林业成为中国现代化国家制度的组成部分

王希群　秦向华　何晓琦　王安琪　郭保香 ◎ 编著

中国林业出版社
China Forestry Publishing House

图书在版编目（CIP）数据

中国林业事业的先驱和开拓者 / 王希群等编著．--北京：中国林业出版社，2018.10
ISBN 978-7-5038-9744-3

Ⅰ．①中… Ⅱ．①王… Ⅲ．①林业－先驱者－年谱－中国 Ⅳ．①K826.3

中国版本图书馆CIP数据核字(2018)第216829号

中国林业出版社
责任编辑　李　顺　薛瑞琦
出版咨询　（010）83143569

出　版	中国林业出版社 (100009 北京西城区德内大街刘海胡同 7 号)
网　站	www.lycb.forestry.gov.cn
印　刷	固安县京平诚乾印刷有限公司
发　行	中国林业出版社
电　话	(010) 83143500
版　次	2018 年 11 月第 1 版
印　次	2018 年 11 月第 1 次
开　本	710mm×1000mm　1 / 16
印　张	12.75
字　数	200 千字
定　价	99.00 元

凌道扬、姚传法、韩安、李寅恭、陈嵘、梁希年谱
中国林业事业的先驱和开拓者

编著者

王希群　中国林业科学研究院

秦向华　中国林学会

何晓琦　北京林业大学

王安琪　旅美学者

郭保香　国家林业和草原局林产工业规划设计院

集合同志，
　　共谋中国森林学术及事业之发达！
一九一七年二月十二日

凌道扬、姚传法、韩安、李寅恭、陈嵘、梁希年谱
中国林业事业的先驱和开拓者

前 言

历史沉淀是文化自信的基础,中国林业的发展也是如此。

在历史上,总有这样一群特殊的人物,在历史剧烈变革和国家制度建立过程中,他们改变着历史,同样历史也刻画着他们,凌道扬、姚传法、韩安、李寅恭、陈嵘、梁希等就属于这样一群特殊的人物,他们经历了大清帝国、中华民国和中华人民共和国3个阶段。他们是学习者,他们是思想者,同时他们也是实践者。

万事开头难。在19世纪末到20世纪初,在晚清至民国发生的历史巨变中,许多仁人志士回到祖国,效仿西方,徐图自强,在中西之争中为中华民族寻路,产生了思想潮流和社会变革。中国林业的历史源远流长,而把林业作为国家的事业也是从中华民国开始的。辛亥革命之后,为了民族振兴、国家富强、人民幸福,一些先哲们顺应世界林业发展的历史潮流,学习林学,投身林业,把林业作为国家事业的一个部分,敲击林钟,替林呐喊,为林业作为中国现代国家制度的组成部分提供理论依据。他们是中国林业事业的先驱和开拓者,并具有共同的经历:

踏出国门,学习现代国家体制下的林业知识;

学成回国,把林业作为自己的职业;

扎实工作,为林业事业摇旗呐喊汇集力量;

身体力行,推动林业建设和国家林业制度的建立;

彰显成就,使林业成为中国现代化国家制度的组成部分。

值得一提的是戈特里布·芬次尔(Gottlieb Fenzel)博士,一位德国人,不远万里,1928年和1933年两次来华,前后历经8年,先后任教于国立中山大学和国立西北农林专科学校,任职于广东省森林局、广东省政府和陕西省林务局、陕西省政府,把德国整个林业体系带到中国并中国化,最后把自己的生命都献给了中国的林业事业,是中国林业事业的先驱和开拓者中不可缺少者。

20世纪的中国林业是值得大书、特书的，而中国林业事业的先驱和开拓者们则是大书、特书的基础。林业是现代国家制度建设的需要，也是现代化国家发展的需要，虽然这是社会进步和历史发展的一种必然，但必须有一批先哲们为这种需要聚集知识、人才和思想并付诸实施。通过先哲们不懈努力和启迪，中国完成了现代国家林业制度的基本构架，林业成为现代化国家的组成部分，在国家富强、民族振兴、人民幸福中发挥着重要的作用。

在1978年十一届三中全会拨乱反正、全面改革开放之后，1986年林学界在准备中国林学会成立70周年华诞庆典期间，鉴于凌道扬、姚传法等先生在中国林业发展史上的特殊地位和重要贡献，原计划对其生平事迹进行收集整理，编写年谱，由于受到诸多条件的制约而未能完成。2016年林学界准备中国林学会百年华诞，又有专家学者提及此事，但未有结果。于是，我们决定完成这个林学界未完成的任务，除我本人负责年谱的资料收集整理和全书策划外：

中国林学会的秦向华负责全书的部分策划、资料收集及重要事件的核对。

北京林业大学的何晓琦积极推进年谱编写，负责全书的编辑、核对工作。

王安琪留学美国，负责过多个林业项目资料的收集和整理，有良好的史学和计算机功底，这次全力帮助收集整理凌道扬、姚传法、韩安等在美国的史料及本书的部分编辑。

郭保香是九三学社社员，是梁希年谱的主要作者。

年谱是一种文化现象，是一种国家记忆和文化遗产，中国林业事业的先驱和开拓者年谱就是中国林业国家记忆和文化遗产的重要组成部分。在民国以来的林业史研究中，林业人物研究是重要内容，是关键点，要言必有据、据必有实，尤其是梳理中国林业事业的先驱和开拓者一生，撰写年谱，纪念先哲，弘扬文化，意义重大。老骥伏枥，志在千里。实际上，我们现在所走的中国林业现代化道路或多或少都是这些先哲们足迹的延续，在林业发展的今天更加需要把这个足迹延续到加快林业发展、建设生态文明、打造美丽中国的新时代国家现代化发展大道上，实现绿水青山、蓝天白云。

王希群于中国林业科学研究院
2018年3月

凌道扬、姚传法、韩安、李寅恭、陈嵘、梁希年谱
中国林业事业的先驱和开拓者

目 录

前言

001 / 凌道扬年谱

049 / 姚传法年谱

069 / 韩安年谱

093 / 李寅恭年谱

115 / 陈嵘年谱

145 / 梁希年谱

177 / 德国籍林学家戈特里布·芬次尔年谱

194 / 后记

目录

凌道扬年谱

凌道扬（自《凌道扬传》）

• 1888 年（清光绪十四年）

12 月 18 日，凌道扬（Ling Daoyang，又译为 Lin Dauyang，Lin Taoyang，Lin DY）出生于广州府新安县布吉村丰和墟（今深圳市龙岗区布吉街道老墟村，现存凌家祠堂）一个虔诚的基督教家庭，祖父凌启莲（1844—1917 年）、父亲凌善元（1867—1936 年）均为瑞士巴色会牧师，凌善元为凌启莲长子，凌道扬为凌善元长子。关于巴色会的历史，1815 年 9 月 20 日在德国北部一带地区，来自瑞士、德国、奥匈帝国和南斯拉夫的一批敬虔的信徒，来到德、瑞、法交界的瑞士属地北部的巴色城，呈请政府核准成立此传道会，因位于巴色会城起名为巴色会（巴色差会，Basel Evangelical Missionary Society）。瑞士巴色会 1850 年（道光三十年）前后派遣宣教士来华，不但将欧陆教会的传统及神学思想带来中国，更引进欧洲的教育、医疗、文化，甚至是社会福利等制度[1]。而刘中国、刘鸿雁编译的《凌道扬全集》中《凌道扬先生简谱》称：凌道扬先生生于广东省五华县樟村，依据是凌道扬的自述英文稿（约 1945 年），这可能是出生地，但凌启莲后人包括凌道扬自己均称自己为布吉凌家[2-3]。

• 1894 年（清光绪二十年）

是年，凌道扬入读教会学校。

• 1898 年（清光绪二十四年）

是年，凌道扬到在美国檀香山传教的一个叔父家。

• 1900 年（清光绪二十六年）

是年，美国耶鲁大学桥梁建设系毕业的凌启莲八子凌善芳（凌道扬称八叔）在归国途中经檀香山，将凌道扬带回广州布吉老家。

• 1902 年（清光绪二十八年）

2 月，美国浸信会来华宣教士湛罗弼（Robert E. Chamers，1870—1932 年）

---

[1] 寻找瑞士宣教士来华足迹 [EB/OL]. [2005-05-01]. http://www.christianweekly.net/2005/ta10566.htm.
[2] 凌宏孝. 凌启莲和他的子孙们 [M]. 深圳：深圳布吉刊印，2009.
[3] 刘中国，刘鸿雁，余俊杰. 外科医生凌宏琛传 [M]. 上海：复旦大学出版社，2012.

在广州创办《真光》月刊，这是中国基督教会最早创办的期刊之一，《真光》杂志造就了很多信徒，使其成为当时中国教会最有影响的期刊。

5月，长老会在上海创刊基督教刊物《通问报》，是民国时期发行量最大的教会周刊，也是最具影响力的教会刊物之一，于1950年12月停刊。

是年秋，凌道扬被送进美国圣公会在上海创办的圣约翰书院，开始正式接受西式教育。圣约翰书院（Saint John's College）创建于1879年，是由美国圣公会上海主教施约瑟（Samuel Isaac Joseph Schereschewsky）将原来的两所圣公会学校培雅书院和度恩书院合并而成，1905年正式升格为圣约翰大学。

11月，岑春煊（1861—1933年）奏准筹办的山西农林学堂在原汉山书院开学，姚文栋（1853—1929年）为总办，学堂并聘有日本农、林专门教习各一人[4]。

● 1904年（清光绪三十年）

1月，基督教教会《兴华》周刊创刊，每年1卷50期，主要刊载在华传教士文章，1937年停刊。

● 1905年（清光绪三十一年）

7月，寰球中国学生会在上海成立，主要在促进社会教育、中西文化互动、留学教育等方面发挥了重要作用，举办的活动包括开办日校及夜校、邀请名流演讲、接洽留学生深造等内容[5]。

● 1907年（清光绪三十三年）

是年，凌道扬开始担任圣约翰大学（St. John's University）编辑。

● 1908年（清光绪三十四年）

是年，凌道扬参加圣约翰大学斯坦豪斯杯第一届网球双打比赛，与潘文焕一起获冠军。

---

[4] 王希群，王安琪．程鸿书——中国近现代高等林科教育创基者[N]．中国绿色时报，2012-03-30（4）．
[5] 高翔宇．寰球中国学生会早期史事考述（1905—1919）[J]．兰州学刊，2015（8）：81-90．

凌 道 扬 年 谱

● 1909 年（清宣统元年）

是年，凌道扬从圣约翰大学毕业获文学学士学位。经凌启莲七子凌善安（1881—1948 年，凌道扬称七叔，1899 年回国后曾被光绪皇帝封赐，做八旗学校的英语教习）引荐，凌道扬在北京八旗学校任外语教师。

9 月，凌道扬得到政府部分支持赴美国学习。

12 月，凌道扬开始在美国麻省农学院（Agricultural College at Massachusetts，今麻省大学，University of Massachusetts，简称 UMASS）学习。

● 1910 年（清宣统二年）

是年，凌道扬陪同两位清室贵胄子弟（倭、杨）在美国麻省农学院学习，习农科。

12 月，凌道扬在麻省农学院任网球队成员。

● 1911 年（清宣统三年）

是年夏，韩安（字竹坪，1883—1961 年，中国出国留学生中第一个林学硕士学位的获得者）获美国密歇根大学（University of Michigan）林学硕士学位，之后继续在美国威斯康星大学农科学习[6]。

10 月 10 日，武昌起义打响第一枪，开启了民主共和新纪元，为中国现代化隆重破题，前后的系列事件对中国的现代化进程具有重大影响。它不只是因为辛亥革命标志着帝制的终结和共和的开始，而且是辛亥革命标志中国从传统社会进入了"三千年未有之大变局"的历史新时代[7]。

11 月，基督教青年会在上海创办《进步》月刊，酉海（范祎，1865—1939 年）任主编，出版至 1917 年 2 月第 11 卷第 4 号（第 64 册）后，与《青年》合刊为《青年进步》。

● 1912 年（民国元年）

1 月 1 日，南京临时政府成立，1 月 5 日举行内阁第一次会议，其组织方法依照《中华民国临时政府组织大纲》规定。

---

[6] 张楚宝. 林业界耆宿韩安生平大事记年 [M]// 中国林学会林业史学会. 林史文集（第 1 辑）. 北京：中国林业出版社，1990：117-120.

[7]《新京报》. 辛亥风云（100 个人在 1911）[M]. 太原：山西人民出版社，2012：序言.

1月23日，成立实业部，张謇任总长，由实业部下设农务司主持林政。

2月15日，袁世凯就任中华民国临时大总统，黎元洪为副总统兼领鄂督。

3月8日，南京临时参议院通过《中华民国临时约法》。

3月10日，袁世凯在北京就职正式大总统，标志着北洋政府正式成立。

3月11日，《中华民国临时约法》公布实施，南京的中华民国临时政府解散，由北京中华民国临时政府继承，权力归入不同机关。

3月12日，南京临时政府结束。

3月，北洋政府成立农林部，由农林总长管理农务，水利、山林、畜牧、蚕业、水产、垦殖事务，监督所辖各官署。农林部下设总务厅、农务司、垦牧司、山林司、水产司，为四司一厅设置。山林司负责山林的监督、保护、奖励、保安林、国有林、林业团体、狩猎及其它关于林业事项。

4月27日，宋教仁（1882—1913年）出任唐绍仪内阁的农林总长。

4月，凌道扬获得麻省农学院演讲金奖。

7月，凌道扬获得麻省农学院农学学士学位，旋即入读耶鲁大学（Yale University）林学院，习林科。凌道扬在美留学期间，遇见容闳（1828—1912年，英文名Yung Wing，广东香山县南屏村，今珠海市南屏镇人，中国近代著名的教育家、外交家和社会活动家，第一个毕业于美国耶鲁大学的中国留学生，是中国留学生事业的先驱，被誉为"中国留学生之父"）。凌道扬先生说：昔年在美，会于哈特福德州，见及容闳，受接待甚欢；容氏会为指明其邻居文学名家麦克吐温之住宅，及其二人之友谊关系[8]。

是年夏，韩安回国，任北洋政府农林部佥事。

9月29日，北洋政府农林部制定《林政纲要》11条出台。《林政纲要》规定林业方针为：凡国内山林，除已属民有者由民间自营，并责成地方官监督保护外，其余均为国有，由部直接管理，仍仰各该管地方官就近保护，严禁私伐。

是年，凌道扬获耶鲁大学理学学士，同时成为Phi Kappa Phi成员。Phi Kappa Phi是美国的一个荣誉团体的名称，1897在University of Maine成立，该团体的格言是"哲学是人生的导引"，此格言由三个希腊词组成，每个词的第一个字母分别是Phi Kappa Phi，凡在大学学习成绩非常优异的，被选入该团体作为成员。

---

[8] 罗香林. 香港与中西文化之交流[M]. 香港：中国学社，1961：134.

• 1913 年（民国二年）

1 月，余日章（1882—1936 年）被巴乐满安排到中华基督教青年会工作，担任青年协会"讲演部"的主任干事。之后，青年会讲演部分为教育、卫生、农林、实验 4 科，教育科由余日章兼任，卫生科是美国干事毕德辉（W. W. Peter）担任，农林科是凌道扬担任，实验科是由美国干事饶伯森（C. H. Robertson）担任[9]。

3 月，中华林学会在北京立案，法人代表张联魁。中华林学会的宗旨是进行关于森林的各种学术研究。会务分为 3 项：编纂关于森林的各种书籍，调查关于森林的一切事项，刊行《林学会报》[10]。张联魁（1880—1961 年），山西代县人，1905 年山西农林学堂首届毕业生，1908 年日本东京帝国大学农科大学林科毕业，宣统三年（1911 年）以主事按照所学科目分部补用，民国元年（1912 年）被选为中华民国参议员，次年当选为国会议员。

12 月 24 日，北京政府将农林部和工商部合并成立农商部，农商部下设总务厅、矿政局、农林司、工商司、渔牧司，即一厅三司一局，林业由农林司主管，韩安任农商部佥事。

• 1914 年（民国三年）

4 月 2 日，张謇（1853—1926 年）出京南下，由章宗祥（1879—1962 年）代理农商总长。

5 月 1 日，国民政府成立农商部，张謇蝉联农商总长，因仍未到职由章宗祥继续代理，1914 年 10 月 2 日改由周学熙（1866—1947 年）代理农商总长，菲律宾林务局长 W·F·畲佛西（W. F. Sherfesse）任农商部林务顾问。

6 月，在美国康奈尔大学的 9 位中国留学生发起成立科学社，主要发起人为任鸿隽、秉志、周仁、胡明复、赵元任、杨杏佛（杨铨）、过探先、章元善、金邦正 9 人，以"联络同志、研究学术，以共图中国科学之发达"为宗旨，开始筹备、编辑和发行《科学》杂志。

是年夏，凌道扬获耶鲁大学林科硕士学位，题目是《论森林资源》，在赴德国、瑞典考察林业和农业之后，9 月回国任上海中华基督教青年会演讲部森林科

---

[9] 中国人民政治协商会议全国委员会文史和学习委员会编 . 文史资料选辑：第 5 卷 [M]. 北京：中国文史出版社，2011：324.
[10] 张昀京 .1912—1949 年中国科技界体制初探 [J]. 高等建筑教育，2013，22（4）：125-128.

干事，在上海、江苏、浙江和江西等地，作通俗生动的林学讲演，辅之以各种模型、图片和实物展览，广受民众欢迎。演讲之余，凌道扬还积极推动各地森林研究会等组织的建立。

是年，凌道扬任北京政府农商部技正。应黎元洪之邀，凌道扬参与了《森林法》的拟定工作。

11月3日，民国政府颁布《中华民国森林法》（共6章32条），为中国历史上第一部《森林法》。

● 1915年（民国四年）

1月，《科学》月刊由上海商务印书馆印刷出版，发刊词上"科学"与"民权"赫然并列，申明"以传播世界最新科学知识为职志"。

是年初，凌道扬和裴义理一起创办金陵大学林科，裴义理任主任。因1914年第一次世界大战爆发，日本对德国宣战，并于11月击败驻青岛德军，侵占青岛，北京农商部所属之森林传习所及德国人办林业学校停办，有学生转到金陵大学继续学业，便又成立林科[11-12]。

3月5日，周自齐（1869—1923年）任署理农商总长。因为未到职的张謇提出辞职获批准，4月27日周自齐出任农商总长。

是年春，江南高等农业学堂改名江苏省立第一农业学校，设置农、林两科，过探先（1887—1929年）任校长，陈嵘任林科主任。

4月15日，《申报》1915年4月17日载：环球中国学生会请凌道扬在科学社演讲"森林学"。穆藕初先生致介绍辞。凌"历述森林之利益，条分缕析，网举目张，并佐以各种表解，闻者益形鼓舞"。演讲后并"出影片数十张，大抵皆携自欧美各国，风味盎然，令人瞠目"。末穆藕初先生代表全体致谢辞[13]。

是年，凌道扬和韩安、裴义理等林学家有感于国家林业不振，"重山复岭，濯濯不毛"，上书北洋政府农商部长周自齐，倡导以每年清明节为"中国植树节"。

4月，凌道扬《林业与民生之关系》一文在《进步》第7卷第6号19~37

---

[11] 刘艳杰 刘宜庆. 一战青岛：日军两月战败驻青德军 四处烧杀抢掠[EB/OL]. [2014-08-19]. http://qd.ifeng.com/xinwenzaobanche/detail_2014_08/19/2785743_0.shtml.
[12] 李卫红，严耕，李飞. 近代青岛林业法规评介研究[J]. 北京林业大学学报（社会科学版），2014，13（1）：9-13.
[13] 穆家修，穆伟杰，柳和城. 穆藕初年谱长编[M]. 上海：上海交通大学出版社，2015：100.

页上刊登。

5月，Lin，D. Y.《The Need of Forestry in China（中国森林之需要）》刊于南京金陵大学主办的《The University of Nanking Magazine（Univ. Nanking Mag.，金陵光）》1915年第6卷第9期392～397页。《金陵光》创刊于1909年，是金陵大学早期学报，也是中国近代最早的高校学报之一。

6月30日，农商部公布《森林法实施细则》和《造林奖励条例》。

7月19日，周自齐代表农商部呈《筹议森林办法提倡造林情形文》中，对在全国范围内大规模植树造林做了明确的总体规划，而且从试验场的选址与普及、苗圃的筹设、树苗的数量与来源，直到良种的采集、选择、购买等各个环节，都采取了一整套极其详尽的实施方案。

7月31日，北洋政府农商部呈《拟定清明为植树节请以申令宣示全国俾资遵守文》，设定每年清明为植树节，获大总统袁世凯批准，由国务卿徐世昌向全国宣示，于1916年清明开始实行[14]。

8月7日，《申报》以《以清明为植树节之原委》为题目刊登农商部的呈文，详细介绍中国植树节的由来。

10月25日，美国康乃尔大学的中国留学生正式成立中国科学社，旨在"提倡科学，鼓吹实业，审定名词，传播知识"，任鸿隽任社长，中国科学社1918年自美国迁中国，设总社于南京高等师范学校。

12月4日，农商部呈请设立林务处，于1916年1月3日奉令批准。

• 1916年（民国五年）

1月3日，农商部增设林务处，以发明、林学、保商、兴利为宗旨，统管一切森林事务，设督办一人，由农商部次长金邦平兼任，另设会办两人，规定以确有森林学识经验者充任，畲佛西和韩安二人担任会办。并在各省设立林务专员，颁布《林务专员规则》。

1月，金陵大学农林科特别演讲员凌道扬《森林与国家之关系》一文刊于长老会《通问报》周刊38号，之后该文刊于《东方杂志》1916年第11期19页。

2月，《美国林业》杂志266期刊登凌道扬宣讲森林效益的照片。

---

[14] 陈嵘. 中国森林史料[M]. 北京：中国林业出版社，1983，79-80.

4月23日，因内阁改组，周自齐去职，金邦正继任。

5月，凌道扬《森林之重要》在《农商公报》1916年第3卷第5期15~16页刊登。

6月6日，金邦正去职，章宗祥兼任农商总长。

7月，谷钟锈任农商总长，8月4日就职并发表就职演说辞。

10月，凌道扬首部著作《森林学大意》(《初级农业职业学校教科书》)中文版由商务印书馆出版。张謇在为凌道扬《森林学大意》所作序言中称道：凌君道扬，学森林而有实行之志，其所述林学大意，于世界森林状况言之甚详，且深知中国木荒之痛，其书足供有志森林者之参考。

10月，农商部将林务处裁并入农业司。凌道扬离开农商部，专任金陵大学教授。

11月，Lin Dauyang《Chapters on China and Forest（森林学大意）》由Commercial Press（Shanghai）出版。

12月16日，寰球中国学生会邀请中国科学社社员、耶鲁大学硕士凌道扬演讲《森林之利益》[15]。

是年，金陵大学合并为农林科，裴义理任主任，凌道扬任林科主任[16]。

● 1917年（民国六年）

1月30日，由陈嵘、王舜臣、过探先、唐昌冶、陆水范等发起组织成立中华农学会，并在上海江苏教育会召开成立大会，宗旨是"研究学术，图农业之发挥；普及知识，求农事之改进"，公推张謇为名誉会长，陈嵘被选为第一任会长。

2月12日，在上海成立中华森林会。金陵大学林科主任凌道扬发起组织成立中华森林会，得到了江苏省第一农业学校林科主任陈嵘及林学界其它人士，如金邦正、叶雅各布等的支持，宗旨是"本着集合同志，共谋中国森林学术及事业之发达"，凌道扬任理事长。

3月，凌道扬《森林之利益》一文在《环球》1917年第2卷第1期演讲专栏37~41页刊登。

---

[15] 高翔宇. 寰球中国学生会早期史事考述（1905—1919）[J]. 兰州学刊，2015（8）：81-90.
[16] 南京农业大学史校史编委会编. 南京农业大学史（1902—2004）[M]. 北京：农业科技出版社，2004：88-89.

3月，清华学校编《游美同学录》89页刊《凌道扬》：凌道扬，年二十九岁。生于广东寶安县。父善元。任牧师。未婚。初毕业于上海圣约翰大学，得学士学位，为约翰声编辑。宣统元年，以官半费游美，入麻省农业学校。民国元年，得学士学位，入耶路大学，习森林科。民国三年，得林科硕士学位，被选入某名誉学会，以演说得金牌奖，入校中网球队，曾为大南木料公司林师。民国三年回国，为上海青年会演讲部员。著有中国林业论，上海商务印书馆出版。现时通信处。上海昆山花园路四号。

3月6日，上海《申报》10版刊登《中华森林会记事》：森林利益关系国计民生，至为重大。兹由唐少川、张季直、梁任公、聂云台、韩紫石、石量才、朱葆山、王正廷、余日章、陆伯鸿、杨信之、韩竹平、朱少屏、凌道扬诸君，发起一中华森林会于上海，以结合同志、振兴森林为宗旨，以提倡造林保林三事为任务，于本年一月十六日假座英马大路外滩惠中西饭店、于二月十二日假座上海青年会会食堂先后开会两次，筹商一切办法。各发起人有亲自到会，有委托代表到会者，每次开会均推唐少川君为主席。第一次筹商各事最要者为领山营造森林模范问题，第二次筹商最要者为本年造林计划及通过草章，并举定凌道扬、朱少屏、聂云台三君为干事云[17]。

3月24日，《恽代英年谱》载：与沈仲清等到文华公书林，听凌道扬硕士演讲，颂扬"凌氏仪器演说，可与余日章氏后先辉映，此中国演说界大进步"[18]。

4月，凌道扬赴南昌演讲。《兴华》报道：洋洋千言，颇动人心。迨演毕，咸愿集合提倡试办，凌君乃随众请许代创设江西森林研究会，以励进行而资推广。当时签名入股者计百有余人[19]。

5月，凌道扬《论森林与教育之关系》在《约翰声》在1917年第28卷4号刊登。上海圣约翰书院于清光绪十五年（1889年）创办的《约翰声》为中国最早的三种文理综合性大学学报之一[20]。

6月，谷钟秀去北洋政府农商总长职。

10月26日，凌道扬《论近日各省水灾剧烈缺乏森林实为一大原因》一文全

---

[17] 中华森林会记事[N]. 申报，1917-03-06（10）.
[18] 李良明，钟德涛. 恽代英年谱[M]. 武汉：华中师范大学出版社，2006：27.
[19] 梅伯英. 教务要闻 凌君道扬抵赣开演讲森林大会[J]. 兴华，1917，14（13）：23.
[20] 姚远，亢小玉. 中国文理综合性大学学报考[J]. 中国科技期刊研究，2006，17（1）：161-165.

文刊载于《大公报》。

11月15日，凌道扬《论近日各省水灾剧烈缺乏森林实为一大原因》在《东方杂志》1917年第14期第11号183~184页刊登。

是年，凌道扬参与孙中山拟定《建国方略》一书《实业计划》部分章节写作。

• 1918年（民国七年）

1月18日，凌道扬《水灾根本救治方法》刊载于《顺天时报》民国七年（1918年）一月十八日第5053号第3版。

1月，凌道扬《水灾根本救治方法》刊载于江苏省农学会报1918年第1期9~22页。

2月15日，凌道扬《水灾根本计划书》刊载于《农商公报》1918年第43期。

4月，凌道扬著《森林要览》由商务印书馆出版，民国大总统黎元洪为该书题词"十年之计树木"。

12月，中华森林会和中华农学会在南京联合编辑创办《中华农学会丛刊》。

12月28日，寰球中国学生会邀请金陵大学农科教员、林学硕士、中华森林会总干事凌道扬演讲《欧战与森林之关系》[21]。

12月，Dauyang Lin 凌道扬的《The Relation of forests to the Floods（森林与水患之关系）》刊登在《Far Eastern Rev（远东评论）》1918年第14期481~485页和《Far Eastern Rev》1919年15期313页。

是年，凌道扬与陈英梅结婚。陈英梅是清末报业家、政治家陈言（字善言，号霭庭、蔼廷，广东新会人）之女（排行12），1890年生于香港，1906年赴美留学，1913年毕业于美国韦尔斯利学院获体育学士学位，1914年回到上海，担任中华基督教女青年会体育干事及该会附设体育师范学校副校长，开启我国近代女子体育教育先河。著名植物学家陈焕镛为陈言十三子。1917年3月，清华学校编《游美同学录》112页刊《陈英梅》：陈英梅女士，年二十七岁。生于香港。叔任中国招商轮船局事，兄任汉冶萍铁矿事。初学于上海中西女塾、香港公立学校，及上海某私立学校。光绪三十一年。自费游美。入林园大学，习普通文科。宣统元年。入韦尔斯来学校。习体育。民国二年，得学士学位，被选入某名誉学会。为

---

[21] 高翔宇. 寰球中国学生会早期史事考述（1905—1919）[J]. 兰州学刊，2015（8）：81-90.

留美学生会会员。民国二年回国,任上海青年会书记。民国五年,任上海青年会学校校长。现时住址:上海老靶子路十六号。

是年,金陵大学凌道扬任中国科学社社员。1916 年 9 月,中国科学社的首个国内分社——中国科学社南京支部建立,即南京社友会,并于当月 24 日在南京第一农业学校召开支社成立会,到会者 18 人。1918 年在南京的科学社社员又有增加,据《科学》杂志记载,该年在南京各高等学校的科学社社员共计 30 人,其中有金陵大学的钱天鹤、凌道扬。

● 1919 年(民国八年)

5 月 4 日,公布《修正政府组织令》,成立农商部。

5 月,凌道扬参加在上海举行的第二届远东运动会。

7 月,陈焕镛于美国哈佛大学森林系毕业,获林学硕士学位,受哈佛大学委托采集海南岛五指山标本,7 月乘坐美国杰克逊号轮到达香港,随后到上海找到姜义再回到香港,10 月和姜义一同前往海口,1920 年 10 月抵达海南岛五指山采集植物标本。

7 月,凌道扬《水灾根本救治方法》一文在《中华农学会丛刊》1919 年第 3 期 1 ~ 14 页刊登。

8 月 8 日,凌道扬长子凌宏璋(Jimmy Hung Chang Lin)出生于上海。

8 月 15 日,在中华农学会第二届年会上,中华农学会第二届年会修改会章,并调整学会的组织与人事。组织设事务、学艺二部,学艺部是在整合原有研究部和编辑部基础上的新设机构,负责编辑、调查、演讲、建议、咨询等事,陈嵘当选为事务部长。凌道扬、陈嵘任中华农学会学艺部学艺专员(森林组)[22]。

8 月,凌道扬《欧战与森林之关系》在《中华农学会丛刊》1919 年第 4 集 8 ~ 12 页刊登。

9 月,高秉坊毕业于金陵大学森林科,回山东任济南模范森林局局长。

是年,Lin Dauyang《Chapters on China and Forest》由 Commercial Press 再版。

是年底,凌道扬任交通部及山东省长公署顾问。

---

[22] 杨瑞. 中华农学会成立初期的史实考述 [J]. 中国农学通报,2007(10):11-14.

1920年（民国九年）

3月18日，凌道扬任山东林务专员。大总统指令第七百五十五号：令农商次长代理部务江天铎、山东省长屈映光，呈遵章会同遴员凌道扬请准派充山东林务专员由呈悉准其派充此令。大总统印。中华民国九年三月十八日。

12月，东南大学成立，民国16年（1927年）改称国立第四中山大学，将江苏省立第一农业学校并入第四中山大学农学院，农学院移设于原农校地址，将系改为科，而森林仅为组，只有教授1人。李寅恭离开安庆前往南京应聘为第四中山大学农学院森林组讲师兼任组长。

是年，经凌道扬推荐，陈焕镛受聘任南京金陵大学植物学教授[23]。

是年，凌道扬《森林与旱灾之关系》在《中华工程师会报》1920年第7卷第16期1~5页刊载。由于旱灾对国内造成了极大影响，他的这篇文章受到社会极大关注，多种刊物进行了刊载。1920年《金大农林丛刊》第7期，《安徽实业杂志》第1卷第6期1~14页、第6卷第5期19~34页，1921年《江苏实业月志》第22期23~38页，《森林》第1卷第1期5~12页，《实业月报》第4期1~6页、第5期1~3页、第6期1~8页，《农商公报》第8卷第1期12~17页、第7期28~33页等均进行了刊载。

1921年（民国十年）

3月，中华森林会在南京创办季刊《森林》杂志，由中华森林会学艺部编辑发行，1922年中华森林会停止活动，《森林》杂志停刊。凌道扬《振兴林业为中国今日之急务》刊于《森林》1921年第1卷第1期论说专栏1~6页。同期，凌道扬《森林与旱灾之关系》刊于专著专栏5~12页。

5月，Lin Dauyang《The Forestry Aspects of the Problem of Floods in China（中国水患问题之林业诸方面）》，在《Weekly Rev.》1921年19期103~105页刊载。

是年，陈焕镛受聘任国立东南大学教授。

是年，长女佩芬（Pei Fen Lin）出生。

---

[23] 秦仁昌.忆陈焕镛教授[M]//中国科学院华南植物研究所编.陈焕镛纪念文集.广州：中国科学院华南植物研究所刊印，1995：290-291.

1922 年（民国十一年）

3月，凌道扬《种黄金树按树之刍议》刊于《森林》1922年第2卷第1期论说专栏33～34页。

6月，凌道扬《桐油之研究》一文在《森林》1922年第1卷第2期专著专栏5～10页刊登。

9月，凌道扬《中国今日之水灾》一文在《森林》1922年第1卷第3期"论说"专栏1～4页上刊登。

9月，凌道扬完成《论青岛之森林》一文，原计划在《森林》1922年第2卷第3期刊登，未刊出。

9月，罗德民（Walter Clay Lowdermilk）第1次来华任金陵大学教授。1922年9月至1927年3月，罗德民先后到河南、山西、陕西等省进行有关植被和水土流失等问题的调查研究，并在黄河流域山西省的沁源、方山、宁武等县设置径流泥沙测验小区，首次采用科学方法实地测定在不同植被条件下的水土流失量，这一首创性的试验研究工作，对以后的水土保持科学研究有相当大的影响。

10月，在河南省信阳鸡公山为农商部交通部林务员英国波尔登先生立碑，立碑人45人，其中有凌道扬。威廉·波尔登（William Purdom），1880年4月生于英格兰，1909年来到中国，1915年被农商部聘为襄林政，1918年被交通部聘为客卿林务员，与韩安一起到河南信阳李家寨共同创建鸡公山铁路林场植树造林。1921年11月7日病逝，葬于西便门英人坟地，享年42岁。因波尔登的事迹感人，辞世后国民党元老、交通部长叶恭绰，交通部路政司长王景春和燕京大学校长王世育等45位林业同仁，为他在鸡公山落羽杉林区和确山黄山坡两处立碑纪念[24]。

10月15日，胡适遇见了凌道扬夫妇和朱庭祺（时任胶济铁路管理局副局长，1917年社会活动家胡彬夏和丈夫朱庭祺参加黄炎培等人发起成立的中华职业教育社），稍谈。1922年10月9日，为了到济南参加第八届全国教育会联合会，胡适登上由北平南下济南的火车，第三次来到济南，19日胡适乘火车离开了济南、北返北平[25]。

---

[24] 姜传高. 鸡公山志 [M]. 郑州：河南人民出版社：1987，103-105.
[25] 刘书龙. 胡适先生的3次济南之行 [EB/OL]. [2016-12-29]. http：//www.sd.xinhuanet.com/sdsq/2006-12/29/content_8917629.htm.

12月10日，胶澳商埠督办公署成立。第一次世界大战结束后，1921年11月出席华盛顿会议的中国北洋政府代表提出"十大原则"，包括取消外国在中国境内的一切特别权和优越权、日本把原德国在山东的租借地归还中国等。1922年2月4日中日双方代表在会外签订了《解决山东悬案条约》，中国收回了胶澳（青岛的旧称）的主权，12月10日根据《条约》中所规定的"将胶澳租界地全部开辟为商埠"条款，胶澳商埠督办公署成立，黎元洪任命山东省省长熊炳琦兼任胶澳商埠督办公署督办，会同鲁案善后督办王正廷办理接收胶澳事务，胶澳商埠督办公署归北洋政府直辖。

12月，凌道扬被正式任命为胶澳商埠督办公署林务局局长。中国政府收回青岛主权，凌道扬出任林务主任委员，直接与日方进行交涉。胶澳商埠督办公署成立，设林务局和农事试验场，分掌林农两业，凌道扬被正式任命为林务局局长[26]。凌道扬住青岛福山支路8号（现存）。

12月，凌道扬《桐油之研究》一文在《湖北省农会农报》1922年第12期46~50页刊登。

是年，高秉坊调任中日鲁案督办公署实业处技术员兼公产委员会委员，负责办理青岛及胶济铁路沿线林业的对日交涉及接受事宜。

● 1923年（民国十二年）

1月，凌道扬《桐油之研究》一文在《湖北省农会农报》1923年第1期63~72页继续刊登。

1月，凌道扬入选中国当今大人物被选举人名单。1922年10月至1923年1月，美国人在上海办的英文报刊《密勒氏评论报》（The Weekly Review of the Far East）做了一次"中国当今十二位大人物（Who are the twelve greatest living Chinese）"问卷调查，1923年1月6日正式公布的12位"大人物"（前12名为孙中山、冯玉祥、顾维钧、王宠惠、吴佩孚、蔡元培、王正廷、张謇、阎锡山、余日章、黎元洪、胡适，次12名为颜惠庆、梁启超、陈炯明、段祺瑞、章太炎、施肇基、聂云台、李烈钧、唐绍仪、郭秉文、黄炎培、康有为）的名单，和得票在4票以上的195位被选举人的情况，凌道扬名列其中，得票6张[27]。

---

[26] 王桂云. 凌道扬：青岛绿树美景的功臣 [EB/OL]. [2017-03-11]. http://wb.qdqss.cn/html/qdzb20170312/qdzb230788.html.

[27] 杨天宏. 密勒氏报"中国当今十二位大人物"问卷调查分析 [J]. 历史研究，2002（3）：65-75.

3月1日，胶澳商埠财政局、交涉署、农林事务所成立。青岛农事试验场和林务局合并为胶澳商埠农林事务所，直属胶澳商埠督办公署，凌道扬被任命为所长，继续从事林农的试验推广工作。办公地址在第一公园（今中山公园）内。合并后的农林事务所掌管官有林之计划、经营，民有林之监督、奖励，树苗之培育、试验，林木砍伐及整枝，农产、畜产之计划、经营，种子改良试验，农业气候观测，市内公园及行道树之管理等。设所长1人，初设造林、农事、树艺、管理4科。交涉结束后，高秉坊即留任青岛农林事务所主任技师。

3月31日，《申报》载：青岛督办统治之下，比较未退步者，要算农林事务所。日在整理开拓之中，所有保护林业规则及分区等均已重新更订。据闻自接收以来，日人之来伐木者拘捕有五十余人之多。近该管所长与日领事交涉以后，若辈已不敢尝试。所长为凌道扬氏，一林业专家也。足见无论何事，非有专门人才不力，况既非专家而又懒惰乎？

5月6日，胶澳商埠农林事务所颁布《胶澳商埠农林事务所组织及服务规则》。

5月，凌道扬主持制定了《水源涵养林规则》《民有林监督取缔规则》《森林警察规则》《森林保护规则》《毁坏森林罚则》《农林事务所森林禁令》《行道树保护规则》等一系列加强和保护园林绿化的规章由胶澳商埠农林事务所颁布。

7月24日，凌道扬次女出生于青岛，其邻居，居住于青岛福山路别墅（今青岛福山支路5号）的康有为（号长素）老人给她取名为"佩馨（Pei Hsien Lin）"[28]。

9月，凌道扬在崂山九水庵林场创设了一所林内义务小学，校舍占地3.15亩，房舍19间，教职工8名。开设的课程包括社会、算术、国语、自然、形象艺术、工用艺术等9门，一年级实行春季始业，二、三年级秋季始业，各年级每周授课时间分别为18和24课时。

是年，任承统从金陵大学林科毕业，获学士学位。是年，凌道扬还重新规划了青岛的公园，将其划分为第一到第六公园，以及栈桥前园、天后公园、海滨公园、观海山公园等，并对公园内的职务和功能划分进行了细化[29]。

是年，凌道扬《The Relation of Forests to Destructive Waters in the Light of Scientific Investigations（科学调查森林与水土流失之关系）》刊于《Journ. Assoc.

---

[28] 翟广顺. 试述凌道扬在青岛的治林事业及其林学思想[J]. 青岛职业技术学院学报，2015，28（4）：13-20.
[29] 张文艳. 植树节创始人凌道扬：青岛绿化、公园规划的使者[EB/OL]. [2015-03-16]. http://news.bandao.cn/news_html/201503/20150316/news_20150316_2511757.shtml.

Chinese & Am. Engin. 》1923 年第 4 卷第 10 期 1 ~ 7 页。

1924 年（民国十三年）

1 月，凌道扬《中国森林和水患问题》在《中国农商杂志》1924 年 11 卷第 1 期 1 ~ 4 页刊登。

1 月，胶澳农林事务所又改组为技术、事务 2 组，造林、农事、树艺、管理 4 科，业务由技术组统掌之，事务组则掌管总务事项。

2 月 2 日，蒋丙然接收并主持胶澳商埠观象台，气象界纷纷函请他主持筹备中国气象学会。蒋丙然（1883—1966 年），1908 年震旦大学毕业后赴比利时双博罗（Gembloux）农业大学学习气象学，1912 年 12 月获博士学位后回国。

3 月 31 日，高恩洪（1922 年 5 月任北洋政府交通总长，后兼任教育总长，1924 年 11 月初，第二次直系军阀和奉系军阀战争后，奉系获胜，直系惨败，高恩洪退出政界）出任胶澳商埠督办。

5 月 29 日，私立青岛大学筹备处成立。

6 月，由青岛美国商会会长亚当斯牵头，联合中外人士向胶澳商埠当局申请成立"万国体育会"，经胶澳商埠督办公署批准正式成立青岛万国体育总会，英文名称是 International Recreation Club of Tsingtao。万国体育总会的董事（理事）共 11 人，外籍人士中有亚当斯、滋美满、士大贵、达甫灵甫和片山亥六，中国人为凌道扬、何永生、苏冕臣、王宣忱、丁敬臣、丁雪农、张伯[30]。

7 月 24 日，凌佩馨 1 周岁，凌道扬夫妇照例要为她"抓周儿"礼，康有为送了一枚戒指，此为后来《康有为先生的戒指——凌佩馨传》故事的由来[31]。

8 月，报请山东督办府备案，私立青岛大学正式成立，校董会公推高恩洪任校长，凌道扬任青岛大学教授，教授逻辑学，他的胞弟凌达扬教授英语。

9 月 1 日，《青岛时报》创刊。由高秉坊和凌道扬一起创办《青岛时报》，分中文日报和英文日报，中文日报叫《青岛时报》，由李青选任主编，英文日报叫《青岛泰晤士报》，凌达扬任主编[32]。

---

[30] 凌宏琛. 履行盐与光的使命 [EB/OL]. [2017-07-20]. http://blog.sina.com.cn/s/blog_5361fc7b0100le89.html.
[31] 寻找一枚戒指:《康有为先生的戒指——凌佩馨传》序曲 [EB/OL]. [2017-07-20]. http://blog.sina.com.cn/s/blog_5361fc7b0100rw9y.html.
[32] 曲海波. 历史上的杭州报展会与青岛老报纸 [EB/OL]. [2004-08-16]. http://www.qingdaonews.com/gb/content/2004-08/16/content_3517603.htm.

10月，凌道扬当选为中国气象学会理事。胶澳商埠观象台台长蒋丙然等人在青岛发起成立中国气象学会，10月10日在胶澳商埠观象台石头楼内召开中国气象学会成立大会，学会以谋求"气象学术之进步与测候事业之发展"为宗旨，选举蒋丙然为会长，彭济群为副会长，竺可桢、常福元、凌道杨、戚本恕、高平子和宋国模6人为理事，陈开源为总干事。会议决定中国气象学会会址设在青岛，每年出版一期《会刊》，并通过了"中国气象学会"会章，大会公推张謇、高恩洪、高鲁为名誉会长。同时竺可桢、凌道扬又是9名编辑委员之一。胶澳商埠观象台1930年10月25日改称青岛市观象台[33]。

12月15日，凌道扬次子凌宏琛（Hung Shen Lin）出生于青岛[34]。

是年，胶澳商埠农林事务所梓行凌道扬的《中国水灾根本救治法》和《青岛农业状况》两本著作。

是年，凌道扬、赵国兰的《种森林以防水患》在《国际公报》1924年2卷37期7~10页刊出。

• 1925年（民国十四年）

3月12日，孙中山先生不幸在北京逝世。南京国民政府成立后，将植树节日期改为每年3月12日，易名为总理逝世纪念植树式。

4月，张宗昌任山东军务督办，7月兼任山东省省长。同月将胶澳商埠督办公署改为胶澳商埠局，设总办统辖行政，并将胶澳商埠划归山东省管辖，赵琪任胶澳商埠局总办。

7月，《中国气象学学刊》出版，凌道扬发表了《森林与旱灾之关系》一文。

8月，凌道扬在青岛所著《中国农业之经济观》由商务印书馆出版。

9月，中国气象学会在青岛召开第2届年会，选举蒋丙然为会长，凌道扬与竺可桢、蒋丙然、翁文灏等12人再次当选编辑委员。

• 1926年（民国十五年）

5月，凌道扬在青岛所著《中国农业之经济观》由商务印书馆再版。

---

[33] 陈学溶.中国近现代气象学界若干史迹[M].北京：气象出版社，2012：133-150.
[34] Wang.K. P. A Chinese-American Exciting Journey Into the 21st Century[M]., Indiana of USA：AuthorHouse, 2006.

11月，凌道扬《桐油》一文刊载于《真光》1926年第25卷11期。是年，青岛狮子会成立，会员以外籍人士居多，中国籍会员有10余位，青岛港政局局长孔达、青岛农林事务所所长凌道扬、华振式大药房经理钟振东、青岛明华银行经理张絅伯等都是狮子会会员。狮子俱乐部国际协会是一个世界性的慈善服务组织，1917年由茂文钟士在美国创立。其活动范围包括医疗卫生、助残护老、教育等方面，尤其注重视力保护和为盲人服务。狮子会于1926年传入中国，青岛狮子会也于当年成立，1928年青岛狮子会会员有50余人。会员按不同国籍分成9组，轮流主持一个月的日常会议。青岛狮子会除捐助贫民、提供医疗救济等公益活动外，为青岛盲童学校提供了多方面的资助。解放前中国仅有两个狮子会，除青岛外，另一个设在天津。相比天津狮子会，青岛狮子会更具有国际性[35]。

● 1927年（民国十六年）

6月9日，国民政府教育行政委员会颁布"大学区制"，组建国立第四中山大学。

6月，凌道扬《近年来中国林业教育之状况》一文刊载于《真光》1927年26卷6期。

6月18日，奉系军阀张作霖就任陆海军大元帅，7月14日成立农工部，下设总务厅、农林司、渔牧司、工务司、水利司，为一厅四司机构设置。农工部成立不久北洋政府就结束了。

9月22日，《世界日报》第6版刊载北平国立学校教职员一览中有凌道扬、凌善安。1927年10月北京大学、北京师范大学等9校合并为国立京师大学校，1928年2月聘凌善安为西洋文学系主任。《世界日报》为民国时期华北地区有影响的民营报纸，1925年2月10日在北京创刊，创办人成舍我，1937年8月停刊，1945年11月20日复刊，1949年2月25日停刊。

10月，凌道扬任中国气象学会第4届理事会理事。中国气象学会第4届理事会在青岛召开，推选高恩洪、高鲁、许继祥为名誉会长，蒋丙然为会长，竺可桢、凌道扬等选为编辑委员。

---

[35] 徐增娥. 三十年代青岛的民间慈善组织 [EB/OL]. [2015-07-13]. http：//www.Qingdao.gov.cn/n15752132.

● 1928年（民国十七年）

2月28日，农矿部成立，易培基为部长。

2月29日，大学院（由教育部更名而来）大学委员会通过了更改校名的办法，并发布了165号训令，第四中山大学更名为江苏大学。

3月，凌道扬《振兴满洲森林之管见》在《东北新建设》1928年第1卷第2期15～18页刊登。

5月16日，国立江苏大学改称国立中央大学，森林组改称森林科。农学院下辖8科，森林科至民国18年才独立成科（系），民国19年将科恢复为系，改8科为6系，即农艺、园艺、蚕桑、森林、农业经济和畜牧兽医学系。凌道扬到森林科任教，与张福廷相继主持科务[36]。

5月18日，由姚传法与凌道扬、陈嵘、李寅恭等发起恢复林学会，宗旨为"研究林学、建设林政、促进林业"，并推姚传法、韩安、皮作琼、康瀚、黄希周、傅焕光、陈嵘、李寅恭、陈植、林刚等10人为筹备委员[37]。

6月8日，国民党军队进入北京，北洋军阀政府在中国的统治最后结束。6月15日，南京国民政府发表《统一宣言》。国民革命军占领北平、天津后，国民党认为统一已经告成，决定草拟一宣言，以声明对内对外政策。吴稚晖、蔡元培、于右任、朱霁青、丁惟汾为宣言起草委员，15日，国民政府外交部正式发布。

8月24日，凌道扬任中华林学会第一届理事会理事。在金陵大学农林科召开中华林学会成立大会，经姚传法、金邦正、陈嵘等林学家积极推动和筹备，姚传法任第一届理事会理事长，陈嵘、凌道扬、梁希、黄希周、陈雪尘、陈植、邵均、康瀚、吴恒如、李寅恭、姚传法任理事，会址设在南京保泰街12号。

8月，凌道扬一家离开青岛到北平，凌道扬任国立北平大学农学院森林系教授兼系主任，凌达扬到东北大学文学院任英文系主任教授。

10月，农矿部设置林政司，徐廷瑚（1890—1965年）任司长，下设二科，姚传法任聘科长及部设计委员会常务委员，凌道扬任农矿部技正。

12月，凌道扬编著《建设中之林业问题》（初版，16开，20页），由北平大学农学院刊行。

---

[36] 南京林业大学校史编写组.南京林业大学校史（1952—1986）[M].北京：中国林业出版社，1989：2.
[37] 江苏省地方志编纂委员会编.江苏省志·林业志[M].北京：方志出版社，2000：附录.

● 1929 年（民国十八年）

1月，中央大学农学院院长蔡无忌（1898—1980年，蔡元培长子）应农矿部聘请参与筹建并出任上海农产物检查所副所长（国民政府农矿部林政司司长徐廷瑚任所长），凌道扬被中央大学聘为教授并任农学院院长，与张福延（张海秋）先后主持森林科科务，陈英梅执教于金陵女子学院。

1月，凌道扬《Forests, Silt and Flood Problem（森林，淤泥和水患问题）》在《The China Critic（中国评论周报）》1929年第2期792～814页刊登。

3月，江苏省政府农矿厅聘凌道扬为江苏省第一林区林务局筹备主任[38]。

3月，凌道扬编《建设中国林业意见书》（16开，18页），由北平大学农学院刊行，在结尾处注明：北平，十七年十二月。

3月，农矿部与建设委员会合设中央模范林区委员会，该林区委员会管辖区域为南京近郊，六合、江宁、句容3县，其下辖林场有汤山林场（含钟汤苗圃，民国二十年（1931年）改为钟汤林场）、牛首山林场、龙王山林场、银凤山林场和小九华林场。

5月，思稚在《北平大学农学院》一文载：16年刘哲改为京师大学农科，去秋北伐成功后，乃改为今校北平大学农学院，院长乃该校留美生董时进氏。董氏接办以来，以母校关系，亟图发展，不遗余力各种计划，秋季当次第实施。内分5系，即：农艺系，主任为汪厥明博士，林学系，主任为凌道扬博士（注：原文如此），农艺化学系，主任为刘拓博士，农业生物系，主任为李顺乡博士，农业经济系，主任为董时进博士兼。原拟请唐启宇博士，唐以事忙，未即果来。教授多系农林专家，设备方面，林学系、农艺化学系、农业生物系，较为完备。尤以林学系的设备，通全国农林大学，无与伦比[39]。

6月12日，江苏省政府委任凌道扬为江苏省第一林区林务局局长。凌道扬奉江苏省政府第三三六二号委令农矿厅第一一九委状为本局正式局长。

6月15日，江苏省第一林区林务局正式成立。林务局于1月开始筹备，6月15日正式成立，经营江苏江南19县林业并担任区内公私森林管理保护监督暨指导等责任，凌道扬为首任局长，11月黄希周（1899—1981年）继任局长[40]。

---

[38] 江苏省第一林区林务局月报(创刊号)[M]. 南京：江苏省第一林区林务局，1929：1-3.
[39] 李文海. 民国时期社会调查丛编（文教事业卷1）[M]. 福州：福建教育出版社，2014：587-588.
[40] 江庆柏. 江苏地方文献书目（上）[M]. 扬州：广陵书社，2013.

7月，凌道扬《中国北部造林浅说》在《河北建设公报》1929年第1卷第7期1～7页刊登。

7月，国民政府设青岛特别市，韩安由安徽省教育厅厅长转任山东青岛市政府参事，翌年改任市教育局长。青岛特别市1930年改称青岛市。

8月，凌道扬《中国北部造林浅说（续）》在《河北建设公报》1929年第1卷第8期1～6页刊登。

9月，农矿部召开林政会议。参加会议的代表有47人，他们是易培基、肖瑜、陈郁、朱祖翼、葛天民、谢嗣燧、余焕东、安事农、蒋慈苏、卢东林、黄希周、郭兆舆、陈雪尘、皮作琼、康瀚、毛雕、王思荣、刘运筹、曾宪章、张百川、陈钟英、张远峰、阎智卿、毛庆祥、刘汝燔、马绍先、廖家柿、任承统、沈学礼、贺文镜、凌道扬、李寅恭、张传经、陈嵘、郭须静、陈宪、张范村、俞同奎、高秉坊、邹秉文、傅焕光、林枯光、庄崧甫、金井羊、程鸿书、林刚和姚传法，其中大部分为林业学者。会议共提出议案71件、建议案8件，通过了10项决议案，即关于森林政策之决议案，关于森林法规之决议案，关于森林行政系统之决议案，关于林业合作之决议案，关于建造森林为防止水旱灾患之决议案，关于保护和教育各案之决议案，关于森林调查案、试验之决议案，关于国有林业经营各案之决议案，关于保护、奖励、指导、监督公私林业之决议案，关于其它各案之决议案。

9月，农矿部在9月召开的林政会议的闭会演讲中，凌道扬谈到他自己："办林政近20年，期间有两年至感愉快，一为帮助总理拟定《实业计划》中关于林政计划部分"[41]。

9月17日，江苏省第一林区林务局凌道扬局长呈农矿厅辞呈。凌局长因担任国立中央大学农学院林科主任职，对局务兼顾颇觉不便屡次请辞，皆蒙慰留今因不胜劳瘁恐误要公再呈辞职。

10月，《林学》创刊号出版，凌道扬《水灾根本救治方法》刊于1929年《林学》创刊号8页。

10月，凌道扬《中国北部造林浅说》在《东省经济月刊》1929年第5卷第4期17～23页、5期1～8页刊登。

---

[41] 王正，钱一群. 凌道扬的教育兴林思想及其贡献[J]. 中国林业教育，2002（2）：51-52.

11月2日，江苏省第一林区林务局凌道扬局长辞职照准。江苏省政府第二二三次会议对凌局长辞职照准并议决派员替代。

12月，国民政府成立中央农业推广委员会，并在各省县设立省级县级相应机构，由全国经济委员会进行统筹管理。

12月，召开中华林学会二届一次理事会，凌道扬为第二届理事会理事长。邵均、陈嵘、康瀚、陈雪尘、高秉坊、梁希、姚传法、林刚、凌道扬为理事，韩安被选为筹募基金委员会委员。

是年，安事农、凌道扬著《森林的利益》（32页），由农矿部林政司刊印。

是年，凌道扬《华北造林简说》在《农学周刊》1929年第1卷第11～16期连刊。

是年，凌氏宗祠进行第3次修葺，由凌道扬题写匾额"凌氏宗祠"。

● 1930年（民国十九年）

2月1日，中华林学会理事长凌道扬致函立法院院长胡汉民，请早日公布《森林法》[42]。

2月1日，中华林学会理事长凌道扬致函考试院院长戴传贤，请在考试委员会中添设林业组。

4月，凌道扬《芬兰林业推广之情形》刊于《森林》1930年第3号调查专栏33～36页。

4月，凌道扬《最近一年之林业》在《时事年刊》1930年1期416～481页刊登。

4月，凌道扬参加在杭州第四届全国运动会。

5月10日，凌道扬《造林与民生》在《国立中央大学农学院旬刊》1930年第49期1～3页刊登。

5月20日，《国立中央大学农学院旬刊》1930年第53期10～11页刊登《森林科凌主任为募集森林馆基金致中央华侨委员会陈委员长函》全文。

6月10日，《国立中央大学农学院旬刊》1930年第52期7～8页刊登《森林科凌主任为建议森林考试添设林学组上考试委员会函》全文。

6月26日，凌道扬参加中华林学会理事会会议。

6月30日，《国立中央大学农学院旬刊》1930年第54期14页刊登《凌主任

---

[42] 中国林学会.中国林学会成立70周年纪念专集（1917—1987）[M].北京：中国林业出版社，1987：254.

函请立法院公布森林法》全文。

7月，国民政府工商部和农矿部，成立实业部，林政司扩充为林垦署，主管全国林政事宜，其下设有直属的林业机构。中央模范林区委员会改为中央模范林区管理局，由实业部直辖，驻地汤水镇，凌道扬任局长。此外尚有北平、山东长清两个林场也改为实业部直辖的模范林场。

7月7日，中央模范林区管理局根据实际需要先行组建设置自办的森林警察。

7月20日，凌道扬《造林与民生》刊于《中央大学农学院旬刊》1930年第49期1~3页。

9月，凌道扬《建设全国森林意见书》刊登于《建设》1930年第9期49~57页。

9月20日，凌道扬参加中华林学会理事会会议，担任会议主席。

11月12日，凌道扬在金陵大学会场参加中华林学会十九年常年大会，担任会议主席。

12月，凌道扬《森林学大意（初级农业职业学校教科书）》由商务印书馆出版第6版。

● 1931年（民国二十年）

1月，农矿部和工商部合并成立实业部，设执行农业行政工作的农林司。凌道扬任实业部技正。

1月，中央模范林区管理局凌道扬《一年来之林业》在《中华农学会报》1931年第84期（民国十九年中国农事年报上卷）9~18页刊载。

1月，凌道扬《开发东三省森林之建议》在《农业周报》1931第1期204~207页刊登。

1月17日，在南京召开中华林学会三届理事会，凌道扬为第三届理事会理事长，姚传法、陈雪尘、梁希、康瀚、陈嵘、黄希周、高秉坊、李蓉、凌道扬为理事。

2月，凌道扬《造林与民生》一文发表于《农事月刊》1931年第2期10~14页。

2月16日，参加中央农业推广委员会第20次会议。

3月，南京成立首都造林运动委员会，时任农矿部部长易培基兼任首都造林运动委员会主席，凌道扬代表中华林学会参加并担任常务委员。皮作琼、李寅恭、林祐光、李蓉、高秉坊、叶道渊、安事农等任委员或兼任总务、宣传、植树各部负责人，积极参加孙中山逝世纪念植树式的造林运动宣传周活动，发起紫金山造林运动。凌道扬在南京青年会讲演《中国森林在国际上之地位》。

3月，凌道扬的《水灾根本救治方法》刊于《中华农学会丛刊》1931年第3期1~14页。

3月，凌道扬著《造林防水》（12页）和《造林防旱》（12页），由首都造林运动委员会刊印[43-44]。

4月，凌道扬《实业计划中的林业建设》刊载于上海市社会局编、上海市植树式筹备委员会刊印的《第四届植树式会刊》。

4月17日，凌道扬参加中华林学会理事会会议，担任会议主席。

4月25日，凌道杨任中央农业研究所筹备委员会委员。国民政府行政院农业部令，国民政府实业部设立中央农业研究所筹备委员会，确定中央农业研究所主管全国农业技术改进工作。穆湘明、钱天鹤、徐延瑚、高秉坊、凌道扬、邹秉文、鲁佩章、蔡无忌、葛敬中、刘运筹、谢家声、沈宗瀚、赵连芳，并美籍卜克（Buck J. L.）、迈尔（C·H·迈尔）、洛夫（H·H·洛夫）等16人组成中央农业研究所筹备委员会。指定穆湘均、钱天鹤为正副主任，拟设植物生产、动物生产及农业经济3科，该会选定南京孝陵卫为所址，草拟工作规程。同年10月行政院指令转饬该所改称中央农业实验所（以下简称中农所），12月筹委会奉令撤销，农业部派钱天鹤担任所长，钱累辞未就。1932年1月改派谭熙鸿为所长。1933年6月谭熙鹤辞职，国民政府任命实业部部长陈公博兼任所长，钱天鹤为副所长[45]。

8月1日，凌道扬为《安徽农学会报创刊号》（第1号）题词：安徽农学会报创刊纪念 粤为皖国，楚之分地。江淮浃畅，息壤黄金。古称农桑，富国强兵。时代演进，科学昌明。研精剔髓，萃我髦英。革新启古，允锡帮人。凌道扬敬题。

9月18日，凌道扬参加中华林学会理事会会议，担任会议主席。

10月，凌道扬《大学森林教育方针之商榷》刊于《林学》1931年第4号研究专栏37~47页。同期，凌道扬、高秉坊《首都城内西北部风景林区》刊于计划专栏61~76页。

---

[43] 凌道扬. 造林防水[M]. 南京：首都造林运动委员会刊印，1930.
[44] 凌道扬. 造林防旱[M]. 南京：首都造林运动委员会刊印，1930.
[45] 曾宇石，吴元煋，黄侃如. 抗日战争时期的中央农业实验所[J]. 中国科技史料，1992（3）：59-65.

11月,凌道扬《西北森林建设初步计划》一文刊登于《建设(西北专号)》1931年第11期34~35页。

11月,凌道扬《江苏工赈计划》一文在《山东建设月刊》1931年第11期240页刊登。

是年,凌道扬《实业计划中的林业建设》一文刊于上海市社会局编《第四届植树式纪念刊》。

● 1932年(民国二十一年)

1月,国民政府实业部在南京成立中央农业实验所,设森林系。1932年1月改派谭熙鸿为所长。1933年6月谭熙鸿辞职,国民政府任命实业部部长陈公博兼任所长,钱天鹤为副所长。

7月,凌道扬《再述水灾救治之根本方法》一文在潮梅治河分会总苗圃编的《林务》1932年7月第2卷第7期3~6页刊登。

是年,国民政府实业部技正凌道扬,于"江苏省宁属农业救济协会"任会长,以互助和自治的原则办理农仓,通过储押的方式调剂市场粮价,不致于谷贱伤农,并请准中央推广委员会与宁属农业救济协会合办"中央模范农业仓库",大力推动农村经济改良试验[46]。

● 1933年(民国二十二年)

4月20日,国民政府特派李仪祉为黄河水利委员会委员长,王应榆为副委员长,并派沈怡、许心武、陈泮岭、李培基为委员,5月26日派张含英为委员兼秘书长。6月28日,国民政府制定"黄河水利委员会组织法"。规定:黄河水利委员会直隶于国民政府,掌理黄河及渭、北洛等支流一切兴利、防患、施工事务[47]。

6月,中央研究院派竺可桢、沈宗瀚、凌道扬于1日至14日参加在加拿大维多利亚和温哥华举办的第五次泛太平洋学术会议,凌道扬当选林业组主任,致力于太平洋沿岸各国林业调查工作[48]。

---

[46] 陈寅.先导 影响中国近现代化的岭南著名人物(中)[M].深圳:深圳报业集团出版社出版,2008:637.
[47] 黄河水利委员会黄河志总编辑室.黄河大事记:增订本[M].郑州:黄河水利出版社,2001:189-190.
[48] 周雷鸣.凌道扬与太平洋科学会议[J].北京林业大学学报(社会科学版),2012,11(3):28-33.

8月20日，凌道扬为中国植物学会第一届植物学会会员。中国植物学会在重庆北碚中国西部科学院正式成立，其创办目的是"互通声气，联络感情，切磋学术，分工合作，以收集腋成裘之效，并普及植物学知识于社会，以收致知格物，利用厚生之效"。该学会"以谋纯粹及应用植物学之进步及其普及"为宗旨，通过发行《中国植物学杂志》《中国植物学汇报》，举办年会，开展实地调查，致力于自主开展中国的植物学研究，推动了植物学的发展与进步。附录第一届植物学会会员名单（共105位会员，原载于《中国植物学杂志》第1卷第1期，）中记载：凌道扬，籍贯广东新会，学历硕士，专门学科森林学，现任职务中央模范林区委员会主任，通讯处南京中央模范林区委员会[49]。

9月1日，黄河水利委员会在南京正式成立，在工务处内设置林垦组，并于西安、开封设立办事处。9月13日，经国民党中央政治会议第374次会议决议，交由行政院核定，准将黄河水利委员会改设于开封。10月29日，孔祥熙继任行政院副院长兼财政部长并仍兼中央银行总裁。

是年，凌道扬《全运会中之网球比赛》一文在《时事用报》1933年第9卷第5期发表。

● 1934年（民国二十三年）

1月25日，黄炎培至会府街曾家庵17号巴县女中校内平教会，晤晏阳初，同座吴文藻、熊芷、章鸿钧、邹秉文、章元善、商阳初受命出国宣传问题，见述美援华捐款下社会事业部分委员为凌道扬（主席）、晏阳初（副）、章鸿钧、杨道（？）之、章鲁泉、梁仲华、瞿菊农、张啸梅、李卓敏（南开）、傅某（中大）[50]。

3月19日，凌道扬任财政部咨议。当日孔祥熙财政部长签署秘字第168号令：兹派该员（凌道扬）为本部咨议。

7月，高秉坊编著，凌道扬、林刚校订的《造林学通论》（高级农业学校教科书）由商务印书馆出版。

8月，凌道扬的《美国棉业统制办法》一文在《农业推广（季刊）》1934年第6期47~54页刊登。

8月，凌道扬《一九三三年美国林业之新设施》一文在《中华农学会报（森

---

[49] 陈德懋. 中国植物分类学史[M]. 武汉：华中师范大学出版社，1993：351.
[50] 黄炎培著. 黄炎培日记：第8卷[M]. 北京：华文出版社，2008：62.

林专刊)》1934 年第 6 期 10 ~ 12 页刊登。

8 月，中国科学社刊印《中国科学社社员分股名录》48 页记有凌道扬（森林），地址在南京东洼市阴阳营 11 号，凌道扬属生物科学股农林组。

11 月，梁希读广东中区模范林场傅思杰所著的《广东试行兵工造林第一年之纪述》和中央模范林区管理局凌道扬的《一九三三年美国林业之新设施》后，完成感想《读凌傅二氏文书后》，刊登于《中华农学会报》1934 年第 129、130 期合刊第 13 页[51]。

是年，凌道扬《宁属区之农村复兴工作》一文在《同工》1934 年第 133 期刊登。

● 1935 年（民国二十四年）

3 月，凌道扬《中央模范林区工作概述》在《中国实业杂志》1935 年第 1 卷 3 期 501 ~ 511 页刊登。

4 月 13 日，中华民国 1924 年四月十三日实业部令（公字第二二四七号）：派谭熙鸿、何炳贤、凌道扬、徐挺琚、刘荫茀、梁上栋、黄金涛、张跌欧、陈炳权、顾毓琇、刘行骥、唐健飞、翁文灏、严继光、吴承洛为本部经济年鉴编纂委员会第三回经济年鉴编纂委员，此令。

6 月，凌道扬《森林学大意》（初级农业职业学校教科书）由商务印书馆出版国难后第 1 版。

是年，南京基督教青年会有董事 16 名，凌道扬为董事会会长，周季高、沈克非为副会长[52]。

是年，凌道扬《由旱灾说到造林》一文刊登于《中央周刊》1935 年第 355 期 216 ~ 221 页。

● 1936 年（民国二十五年）

2 月，中华林学会第四届理事会举行，凌道扬为第四届理事会理事长，李寅恭、胡铎、高秉坊、陈嵘、林刚、梁希、蒋蕙荪、康瀚、凌道扬为理事。

3 月，凌道扬撰文悼余日章博士。余日章（1882—1936 年），湖北蒲圻人，生于武昌，20 世纪上半叶中国著名的教会领袖、教育家，中国基督教青年会全

---

[51] 梁希. 读凌傅二氏文书后 //《梁希文集》编辑组. 梁希文集 [M]. 北京：中国林业出版社，1983：50.
[52] 南京 YMCA 百年历程 [EB/OL]. [2017-07-20]. http : //www.njymca-ywca.org/about.php?cid=13.

国协会总干事,中国基督教协进会首任会长。

3月5日下午,凌道扬和杭立武、沈克非、金善宝、凌冰等一起在南京国际联欢社,由颜德庆(颜德庆父亲是圣公会牧师颜永京,颜德庆任胶济铁路管理委员会委员长,常住青岛)主持,听竺可桢讲"南京气候"[53]。

3月15日,凌道扬《对于美国近年林业孟晋之感想》在《中国实业》1936年第2期3期(森林专号)2 779～2 782页上刊登。

3月,凌道扬《广东省体育之检讨》在《勤奋体育月报》1936年第3期193～246页刊登。《勤奋体育月报》创刊于1933年10月10日,是我国近代最为著名和最具代表性的体育期刊。

8月1日,凌道扬《南京附近之农村工作》在《广播周报》1936年第97期18～21页刊登。

9月,凌道扬任广东省建设厅农林局代局长、局长,任职期间为1938年8月—1939年4月[54]。

9月,皮作琼任国民政府实业部中央模范林区管理局局长、农林部技监。

10月,凌道扬《森林学大意》(初级农业职业学校教科书)由商务印书馆出版国难后第4版。

11月5日,国民政府令(二十五年十一月五日):实业部中央模范林区管理局局长凌道扬呈请辞职,凌道扬准免本职。此令。主席林森;行政院院长蒋中正;实业部部长吴鼎昌。

11月,凌道扬组织制定《广东省农村合作委员会组织规程》。11月,凌道扬组织制定《广东省建设厅农林局组织章程》,11月4日广东省政府第7届委员会第22次会议决议。

11月,凌道扬《对于广州市行道树及公园等观感》在《市政评论》1936年第4卷11页刊登。

11月28日,凌道扬《农业仓库的重要和推行》在《广播周报》1936年第114期8～36页刊登。

是年,凌道扬组织制定《农林局二十五年度中心工作计划》。

是年,凌道扬《南京附近之农村工作》在《广播周报》1936年第97期

---

[53] 竺可桢. 竺可桢全集:第6卷[M]. 上海:上海科技教育出版社,2005:34.
[54] 广东省地方史志编委会. 广东省·林业志[M]. 广州:广东人民出版社,1998:86-87.

18～21页刊登。

是年,凌道扬《对于美国近年林业孟晋之感想》在《中央周刊》1936年第407期31～33页刊登。

● 1937年(民国二十六年)

1月1日,《广东农讯》创刊,凌道扬为发刊词,同期刊登凌道扬《征工强迫造林之商榷》一文。

1月,凌道扬《我国及广东之荒地问题》在《新粤周刊》1937年第3期8～14页刊登。

2月,凌道扬《复兴广东农村之主要问题》在《广东省银行月刊》1937年第2期1～171页刊登。

3月1日,凌道扬《植树节之缘起与造林运动》在《广东农讯》1937年第1卷第3期1～2页刊登。

3月29日,国民政府实业部政务次长程天固偕中大农学院长邓植仪,农林局长凌道扬,实业部技士刘文清、黄杰,水利专家李炳芬,农民分行长沈镜等一行乘广东号巨型机飞琼崖调查农产,4月5日程天固偕凌道扬等一行14人在琼崖考察完毕返港[55]。

3月,凌道扬《宁蜀农业救济协会二十三年度工作报告》刊于江问渔、梁漱溟编,中华书局1937年出版的《乡村建设实验(第3集)》第253～170页。

3月,凌道扬《〈江苏省中央模范农业仓库报告〉》刊于江问渔、梁漱溟编,中华书局1937年出版的《乡村建设实验(第3集)》第171～198页。

6月1日,凌道扬《农村建设的三个重要问题——在中山大学的演讲》在《广东农讯》1937年第1卷第6期刊登。

6月,凌道扬《广东农村合作问题》在《广东经济建设月刊》1937年第6期40～158页刊登。

7月17日,凌道扬《救济粤省粮食缺乏之根本办法》在《统一评论》1937年第4卷第3期12～14页刊登。

11月20日,国民政府移迁重庆,改组农林部,下设林政司主管林业。

---

[55] 张添喜.申报:广东资料选辑[M].广州:广东省档案馆,1995:303-305.

12月，广东省政府将调节民食委员会与农村合作委员会合并，组成广东省粮食委员会，委员会内设生产、垦殖、运销、仓储、贷款、合作、调节7处，令派凌道扬为广东省政府增加粮食生产贷款处处长[56]。

● 1938年（民国二十七年）

1月，由实业部改组而成立的经济部，主管农、工、商、矿、渔牧、林垦、劳工、合作等，部长翁文灏。

5月，黄河水利委员会迁至洛阳，旋又迁至西安。山东修防处和河北黄河河务局也迁至西安。

7月17日，凌道扬夫人陈英梅在农业试验室附近被日军投下的炸弹炸成重伤，紧急送往香港医院抢救不治身亡。

9月，凌道扬《森林学大意》（初级农业职业学校教科书）由商务印书馆出版国难后第6版。

是年，凌道扬《推行冬耕与粮食问题》在《华侨战线》一文1938年第3、4期合刊24～25页刊登。

● 1939年（民国二十八年）

7月，云南大学农学院成立，汤惠荪教授任院长，设农艺、森林两系，应国立云南大学校长熊庆来邀请，张福延教授（1891—1972年）任森林系主任。

● 1940年（民国二十九年）

1月，国民政府决定行政院设立农林部，管理全国农林行政事宜。下设总务、农事、林业、渔牧及垦务总局，陈济棠任农林部部长。抗战爆发后，为加强农林组织力量，推进当时农林事业的发展，在经济部农林司的基础上成立了农林部，直辖于国民政府行政院，负责管理全国农、林、牧、渔等行政事务。

2月，黄河水利委员会聘请有关大学教授、专家成立黄河水利委员会林垦设计委员会，主任委员由黄河水利委员会委员长孔祥榕兼任，凌道扬为副主任委员，常务委员任承统兼总干事。4月，在成都成立驻蓉办事处，处理日常事务。

---

[56] 令派凌道扬为广东省政府增加粮食生产贷款处处长. 广东省政府公报 [J]. 1937（387）：13-14.

该委员会12月由成都迁天水，至民国三十三年（1944年）被撤销。

3月，任承统拟定《勘定水土保持实验区之调查计划大纲》。凌道扬、任承统、黄希周等人于当年上半年沿渭河入陇，经清水、天水、甘谷、武山、陇西、渭源，并进入临洮、皋兰等县，遍历渭河主要支流，调查水土流失情况，初步提出了成立关中（长安）、陇东（平凉）、陇南（天水）、洮西（岷县）、兰山（榆中）、河西（永登）6个水土保持实验区的计划。

7月，国民政府在重庆成立农林部，下设林业司、中央林业实验所等机构。

8月1日，黄河水利委员会林垦设计委员会在成都驻蓉办事处召开第一次林垦设计会议，林垦设计委员会各委员、四川农业改进所所长及各技术主任、金陵大学农学院、四川大学农学院院长及各系主任均到会。代主任凌道扬主持此会，经过讨论，确定由"水土保持"这一专业名词取代"防止土壤冲刷"等术语，并对西北地区水土保持工作进行了规划，提出合理划分农、牧、林区，实行农林牧及工程措施的综合治理。会议还决定成立陇南水土保持实验区，主任为任承统，并讨论通过决议，积极推动西北水土保持工作。商订出"林垦设计委员会与金陵大学合作促进我国黄河上游水土保持办法大纲"，增聘金陵大学教授黄瑞采为林垦设计委员会专员，进行水土保持考察[57]。

10月，黄河水利委员会为办理黄河上游水利、水土保持等项工程，在兰州成立黄河水利委员会上游工程处，委员长孔祥榕兼该处主任，凌道扬为副主任，章光彩为襄办。次年6月28日改组为上游修防林垦工程处，陶履敦为处长。

11月30日，凌道扬《现时西南各番农林水利建设中水土保持事业之重要性》一文在由中国国民经济研究所编、中国西南实业协会发行的《西南实业通讯》1940年第2卷第5期刊登。

是年，凌道扬续娶崔亚兰。崔亚兰为湖北武昌人，金陵女子大学教育学士，金陵女子大学金体育系教授，主要教授体育教学法、体操、韵律活动、垒球等课程。

● 1941年（民国三十年）

2月，在重庆召开中华林学会第五届理事会，姚传法为第五届理事会理事长，梁希、凌道扬、李顺卿、朱惠方、姚传法为常务理事，傅焕光、康瀚、白荫

---

[57] 莫世鳌."水土保持"名词的探究——纪念"水土保持"定名50周年[M].//阎树文.水土保持科学理论与实践.北京：中国林业出版社，2002：411-415.

元、郑万钧、程复新、程跻云、李德毅、林祐光、李寅恭、唐耀、皮作琼、张楚宝为理事。2月，中华林学会在重庆成立水土保持研究委员会，凌道扬、姚传法、傅焕光、任承统、黄瑞采、葛晓东、叶培忠、万晋和徐善根9人为委员。

2月，凌道扬《粮食增产中肥料问题之重要性》在《中农月刊》1941年第2期20～27页刊登。

3月，林垦设计委员会办公机构由成都迁到甘肃天水。

4月10日，《新华日报》报道：7日中华全国体育协进会在渝南开中学召开第一次常务董事会，聘请凌道扬为运动裁判委员会专门委员、中华全国体育协进会重庆市运动裁判会委员。

7月，在凌道扬等的推荐下，农林部与黄委会签订"西北林垦水利合作实施计划"，其中提到：为防止土壤冲刷，"由农林部委托黄委会陇南水土保持实验区兼办，实验区主任由农林部林业司陶玉田科长带原薪兼任，经费由农林部保安林建设经费中支付，以推动实地工作"。

12月25日，香港陷落。

12月27日，沈鸿烈调任国民政府农林部部长。

是年，幼子凌宏瑜（David Lin）出生于重庆。

● 1942年（民国三十一年）

2月，任承统应聘到黄河水利委员会林垦设计委员会任常委兼总干事，主要负责黄河中下游林业垦殖与水土保持的设计工作。

是年春，凌佩馨和凌宏琛逃离香港沦陷区，辗转奔赴重庆。凌佩馨同年考入内迁成都华西坝的金陵女子文理学院。是年，凌道扬代表行政院安排罗德民博士第二次访华日程，此行为协助制订国家水土保护及上游水灾调控方案。1942—1943年，应国民政府农林部和黄河水利委员会凌道扬的邀请，罗德民第二次来华，主持西北水土保持考察团，历时7个多月，行程1万余公里，考察了中国西北水土流失严重的陕西、甘肃、青海等省部分地区。沿途对有关水土流失现象、水土保持群众经验、土地利用及其对水土流失的影响等方面，都作了调查和记载，并拍摄了照片[58]。

---

[58] 刘东生，丁梦麟.黄土高原·农业起源·水土保持[M].北京：地震出版社，2004：149.

是年，任承统与凌道扬完成《水土保持纲要》。1940—1942年，任承统还在黄河中上游的陕西、甘肃、青海等地做了大量调查研究工作，积累了丰富资料，总结了广大群众的经验。他与凌道扬撰写《水土保持纲要》，提出了推动水土保持工作的意见：黄河水利委员会林垦设计委员会负责勘查设计工作；黄河上游修防林垦工程处负责执行计划；各水土保持实验区负责实施计划[59]。

● 1943年（民国三十二年）

4月，凌道扬和任承统在《林学》1943年第9号22~29页联名发表《西北水土保持事业之设计与实施》，推动了以森林防止冲刷、保持农田、涵养水源和改进水利等工作。

7月，凌道扬与陈立夫等联名发起募捐"华群纪念基金"以感谢魏特琳，现上海市档案馆存《凌道扬关于发起募集华群纪念基金交由金陵女子文理学院奉办社会服务事致大业贸易公司总经理李桐村函》[60]。明妮·魏特琳（中文名华群），美国基督会在华女传教士，1886年9月27日生于美国伊利诺斯州西科尔小镇，1912年毕业于伊利诺斯大学，同年受美国基督会差会派遣来中国，担任安徽庐州府（合肥）基督会三育女中校长。1916年金陵女子大学在南京成立时担任教育系主任，1919—1922年校长德本康夫人回美国募捐期间担任代理校长，后担任金陵女子文理学院教务主任。1937年日军占领南京，大部分教职员撤往四川成都，借华西协和大学的校园继续开办，她则留在南京照管校园。在南京大屠杀期间，她积极营救中国难民，利用金陵女子文理学院保护了上万名中国妇孺难民。1940年4月因病返回美国，1941年5月14日在美国寓所去世。著有《魏特琳日记》，该书是一部反映侵华日军南京大屠杀真相的第一手原始资料[61]。

11月9日，由联合国44个成员国的代表在华盛顿集会，签订了联合国善后救济公约，随之成立了联合国善后救济总署，主理联合国战后一切救济事务，总部设在纽约[62]。

---

[59] 中国科学技术协会.中国科学技术专家传略：农学编：林业卷（1）[M].北京：中国科学技术出版社，1991：160.
[60] 凌道扬关于发起募集华群纪念基金交由金陵女子文理学院奉办社会服务事致大业贸易公司总经理李桐村函[Z].上海：上海市档案馆，Q367-1-18-4.
[61] 明妮·魏特琳.魏特琳日记[M].南京：江苏人民出版社，2000.
[62] 方志钦，蒋祖缘.广东通史（现代下册）[M].广州：广东高等教育出版社，2014：967-968.

是年，凌道扬幼女凌宏蓉（Rose Lin）在成都出生。

● 1944年（民国三十三年）

10月20日，凌道扬、徐维廉编《视察西北救济工作报告及建议》在上海由美国援华救济联合会出版。

● 1945年（民国三十四年）

1月1日，行政院善后救济总署成立，总署是国民政府为接洽联合国善后救济总署在中国的善后救济工作而设立的一个临时机构，1947年12月31日工作结束。在存续的3年时间里，救济总署共接收联总物资236万吨，价值逾5亿美元，并开办了多项紧急救济与战争善后事业。

6月，中国水土保持协会成立大会在重庆枣子岚垭召开，凌道扬、李德毅、李顺卿、乔启明、任承统、陈鸣佑等11人当选为理事，凌道扬被推选为理事长。协会的主要任务是策动水土保持运动，受各机关之委托研究，并协助解决水土问题[63]。

10月9日，凌道扬由重庆到广州，筹设行政院善后救济总署广东分署[64]。

10月16日，行政院善后救济总署广东分署正式成立，经国民政府行政院院长孙科、秘书长王宠惠力荐，凌道扬任广东省政府顾问、行政院善后救济总署广东分署署长。

11月14日，凌道扬奉准辞职，任行政院善后救济总署总署顾问兼黄河泛滥区农林水利委员会主任委员，负责办理黄泛区善后复兴。

是年冬，恢复成立中华全国体育协进会广东分会，许民辉被推举为总干事，黄中孚为副总干事。欧阳驹、凌道扬、郭颂棠、王以敦、梁质君、吴华英等组成理事会，凌道扬任理事长[65]。

● 1946年（民国三十五年）

4月23日，《善后救济总署广东分署周报》创刊。同期刊载凌道扬《发刊词》

---

[63] 长江水利委员会水土保持局编．长江志·水土保持[M]．北京：中国大百科全书出版社，2006：187.
[64] 方志钦，蒋祖缘．广东通史：现代[M]．广州：广东高等教育出版社，967-968.
[65] 广东省地方史志编纂委员会．广东省志：体育志[M]．广州：广东人民出版社，2001：918.

及《本署成立之经过及任务》。

8月,凌道扬被聘为联合国粮食农业委员会林业委员。

10月16日,凌道扬在岭南大学举办的善后救济总署广东分署成立周年大会上致祝酒词。

10月25日,1946年系韩山文、黎力基受遣赴华传教100周年,中华崇真会总牧何树德在广东龙川老隆崇真会部发起纪念活动。

10月25日,时任联合国善后救济总署广东分署署长的凌道扬复函:"牧师道席:大函敬悉,黎韩两牧,硕德迈伦,曩昔来华布道,引人弃暗投明,改邪归正,厥功甚伟。欣稔百年大典,纪念征文,以资表扬,高义薄云,至深敬佩!谨撰诔词,随函送上,即希察照。拙笔不足以状名贤于万一,祇值抒个人感念而已。专此布复,并候道祺。"凌道扬所撰《黎韩两牧诔词》如下:"黎韩两牧,基督之光。宅心博爱,远涉重洋。发扬真理,启迪周详。四历穷乡,振瞶为良。引人归正,遐迩颂扬。拯救万众,德泽孔长。缅怀懿范,弥殷景仰。贤哲早逝,握腕其怅。后起同道,接武表彰。英灵郁慰,百世皆昌。"[66]

11月14日,凌道扬任行政院善后救济总署总署顾问、黄河泛滥区农林水利委员会主任委员。

是年,黄菩荃编、凌道扬校的《广东肥料改进计划》(4页)由行政院善后救济总署广东分署编译室刊印(广州)。

● 1947年(民国三十六年)

是年,凌道扬担任联合国粮食救济总署广东分署署长,虽然受到了广州市临时参议会某些议员的弹劾,却深受香雅各布布布和设在华盛顿的联合国善后总署的高度肯定。

是年春,联合国粮食和农业总署盛邀凌道扬到美国访问考察并任职。凌道扬欣然接受了这份邀请,拟偕同妻子和两个子女赴华盛顿任职。

● 1948年(民国三十七年)

8月,凌道扬《森林学大意》(初级农业职业学校教科书)由商务印书馆出

---

[66] 刘中国. 洪仁玕韩山文与中国第一部口述回忆录[J]. 南方论丛, 2008 (1): 4-15.

版第 8 版。

是年,凌道扬由联合国粮食农业总署退休,定居香港,时年满 60 岁。

是年底,凌道扬去香港,定居香港粉岭。

• 1949 年(民国三十八年)

是年夏,崇谦堂通过扩建圣堂计划。基督教香港崇真会粉岭崇谦堂为巴色差会 1926 年创建,后因信徒增多,凌善元牧师长子凌道场先生从夏季开始四出奔走,得到香港圣公会何明华会督协助,获香港赛马会拨赠 5 000 元作为补助扩建圣堂之用。1951 年 10 月 15 日由凌道场先生动土,徐黄英桃女士奠基宣告兴工,12 月 23 日正午 12 时举行献堂典礼。

• 1950 年

3 月,钱穆与唐君毅、张丕介诸先生创办新亚书院,钱穆出任首任校长。

• 1951 年

10 月,崇基学院由香港基督教教会代表创办,并于 1955 年依照香港政府法例注册成立。1949 年以后,由于政局的变动,大批青年学生聚集香港,而当时香港只有一所大学,为解决这批青年求学深造的问题,前岭南大学校长李应林博士与香港圣公会会督何明华等联合发起创建一所基督教大学——崇基学院,李应林任院长。

• 1955 年

2 月 1 日,凌道扬出任崇基学院第二任院长。1954 年 8 月 22 日李应林在任内于香港病逝,1955 年 2 月 1 日凌道扬经何明华会督及校董事会一致推荐,出任崇基学院第二任院长,他在就职演说中希望学院"负起保存发扬中国文化的责任,且沟通外国文化,使中西文化交流,对整个世界的文化有新的贡献。"

2 月 4 日,凌道扬在崇基学院就职典礼上做演讲,题目是《我们,崇基的使命》。

9 月,孟氏委员会(后更名为孟氏教育基金会)组建,由基督教青年会干事长布克礼代理主席职务。

凌 道 扬 年 谱

12月18日，凌道扬应香港教师讲习班进修会邀请在香港赤城柱圣上提反小学做演讲，题目是《学校行政的几个重要原则》。

• 1956年

6月，联合书院成立，由平正、华侨、广侨、文化及光夏5所书院组成，联合书院邀得蒋法贤担任书院首任校长，同时兼任首任校董会主席。

12月23日，《崇基校刊》第9期中刊载凌道扬《崇基学院一九五六年开学典礼训词》。

• 1957年

2月，联合书院、崇基学院及新亚书院组成"香港中文专上学校协会"，并由蒋法贤校长任协会主席，领导三院争取应有的学术地位及资助，积极推动成立一所"中文大学"。

6月，麻省大学（University of Massachusetts）授予凌道扬名誉法学博士学位，麻省大学波尔·马塞校长在致辞中说："作为教育家、学者、科学家，他学贯中西，通过自己的生活和工作批驳了'东方和西方永不相会'的观念。"同时，凌道扬发表题为《我之中国文化观》演讲。

7月10日，《崇基校刊》第11期中刊载凌道扬《我之中国文化观》。

12月，凌道扬为香港总督葛亮红爵士秩满归国，献诗为别，做四言四章，刊于《崇基校刊》1958年2月第14期。

是年，凌道扬任崇谦堂长老，至1973年[67]。

• 1958年

5月1日，《崇基校刊》第15期中刊载凌道扬《凌院长开学典礼训词（一）》。

7月9日，《崇基校刊》第16期中刊载凌道扬《凌院长开学典礼训词（二）》。同期，刊载凌道扬《崇基第四届毕业典礼院长演词》。

8月，香港政府原则上支持在香港创办一所中文大学。

10月8日，《崇基校刊》第17期刊载凌道扬《现代高等教育的趋势——

---

[67] 郭思嘉. 基督徒心灵与华人精神：香港的一个客家社区[M]. 北京：社会科学文献出版社，2013：166-180.

一九五八年度学年开学典礼训词》。

• 1959 年

5月,崇基校门牌楼落成,凌道扬为崇基学院撰写楹联:"崇高惟博爱,本天地立心,无间东西,沟通学术;基础在育才,当海山胜境,有怀胞兴,陶铸人群。"

6月,蒋法贤联同高诗雅正式对外宣布崇基、新亚和联合3家院校成为政府资助的专上学院,而香港也将成立一家由崇基、新亚和联合组成的联邦制大学,筹备大学成立的工作立即展开。港英政府成立香港中文大学筹备会,凌道扬任筹备会主席,积极参与筹备创建香港中文大学。

7月10日,《崇基校刊》第20期中刊载凌道扬《崇基第五届毕业典礼院长演词》。

• 1960 年

1月,凌道扬崇基学院院长任期届满,从崇基学院院长位置上荣休。

2月,凌道扬受聘出任香港联合书院院长,直至1963年。期间他致力于学校各项工作的同时,以筹备委员会主席的身份推动香港中文大学的创建工作。

5月31日,《崇基校刊》第22期刊载凌道扬《临别赠言》。

是年,凌道扬代任宝安同乡会会长一职[68]。

• 1963 年

1月,凌道扬在联合学院院长任期届满。

10月17日,香港中文大学正式成立。香港中文大学是在崇基学院、新亚书院和联合书院的基础上创立的,校名由钱穆亲定,是年中文大学临时校董会成立,成员包括大学校长和三院院长。

9月,通过中文大学条例和规章制度,10月17日中文大学正式成立,香港总督柏立基兼任监督,李卓敏为首任校长。凌道扬辞去联合书院院长职务,但继续葆有香港中文大学崇基学院和联合书院校董的荣誉称号。

---

[68] 凌道扬:无间中西沟通学术 [EB/OL]. [2017-07-20]. http://blog.sina.com.cn/s/blog_5361fc7b0100gyca.html.

凌 道 扬 年 谱

1965 年

是年，中国文化协会在香港成立，属中国大陆灾胞救济总会。《香港年鉴（18回）》收入凌道扬简历。原文为：凌道扬，广东宝安人，1908 年生。上海圣约翰大学文学士，美国麻省大学理学士，美国耶鲁大学林学硕士，美国麻省大学法学博士，美国农林学会名誉会员。曾任：金陵及中央等大学教授，中央农学院院长，中央高等考试委员会委员，太平洋科学协会中国代表，中央林务处处长，广东农林局局长，黄河水利委员会常务委员，联合国专门委员，香港政府教育委员会委员，香港政府农村发展委员会委员，香港崇基学院，联合书院院长等职。历任：香港崇华书院院长，香港崇基、新亚、孟氏基金会及乐育神道学院董事，香港新界农业会主席，香港新界学界体育会会长，香港新界北约童子军总会会长，新界养鱼协会会长，香港崇正总会会长，宝安同乡会监事长等职[69]。

1970 年

1 月 1 日，1970 年中国文化协会与香港孟氏教育基金会合办香港中山图书馆，凌道扬以董事兼首任馆长；馆长下设主任，为唐彭美莲。1978 年凌道扬辞馆长，董事会决议以唐彭美莲主任补充。图书馆藏书近 120 000 册，是香港最大型的私人图书馆之一，馆址原来位于九龙界限街 172—174 号。2000 年中山图书馆迁至中国文化协会窝打老道会址，成为一所研究型的汉文图书馆，并且提供自修室，供予各界人士借阅及使用[70]。

1980 年

是年，凌道扬先生移居美国加利福尼亚。

1981 年

2 月 8 日，回国省亲，凌道扬、崔亚兰夫妇在南京师范大学 100 号迎宾楼参加金女大南京校友会[71]。

---

[69] 吴灞陵. 香港年鉴（1965）[M]. 香港：华侨日报出版，1965，42.
[70] 政协广东省委员会办公厅，广东省政协文化和文史资料委员会编. 广东文史资料精编：广东人物篇 [M]. 北京：中国文史出版社，2008.
[71] 吴贻芳. 金女大南京校友会会史大事记 [EB/OL]. http://ginling.njnu.edu.cn/wzattach/210937_532073.doc.

● 1986 年

是年,《香港年鉴(第 39 回)》记载凌道扬传略。原文为:凌道扬,广东宝安人,1908 年生。上海圣约翰大学文学士,美国麻省大学理学士,美国耶鲁大学林学硕士,美国麻省大学法学博士,美国农林学会名誉会员。曾任:金陵及中央等大学教授,中央农学院院长,中央高等考试委员会委员,太平洋科学协会中国代表,中央林务处处长,广东农林局局长,黄河水利委员会常务委员,联合国专门委员,香港政府教育委员会委员,香港政府农村发展委员会委员,香港中文专上学校协会主席,崇基学院院长,联合书院院长,孟氏教育基金会、新亚书院及乐育神道学院董事,香港新界农业会主席,香港新界学界体育会会长,崇正总会会长,香港宝安同乡会监事长,新界分岭善元农场经理,新界养鱼协会会长,崇正总会常务理事,香港中文大学崇基学院董事,香港九龙居民联会监事长,中山图书馆馆长,孟氏教育基金会主席[72]。

● 1987 年

11 月,《中国林学会成立 70 周年纪念专集(1917—1987)》刊登《缅怀林学会两位奠基人凌道扬姚传法》和《凌道扬生平》,这是新中国成立后大陆首次见到对凌道扬的报道。原文为:《中华森林会理事会理事长 凌道扬传略》:中国著名林学家、林业教育家。广东省宝安县(今广东省深圳特区)人,生于 1887 年。清末到美国留学,毕业于麻省农业大学,后又入耶鲁大学林学院攻读,并获硕士学位。1913 年回国后,在北京政府农商部任职时对我国规定清明节为植树节促进甚力,复又转到上海在中华基督教青年会全国协会主持讲演部森林科工作,致力于林业科普宣传。1916 年任金陵大学林科主任,1920 年任山东省长公署顾问,济南林务局专员,青岛农林事务所所长等职。从 1930 年起先后在农矿部、实业部、中央模范林区管理局任技正、局长等职。1932 年 5 月代表我国参加泛太平洋科学协会第五次会议,并被选为林业组主任。1936 年任广东省农林局局长。抗日战争时期(1937—1945 年)在黄河水利委员会林垦设计委员会任职。1945 年 4 月任联合国善后救济总署广东分署署长。1949 年去香港经营农场,以后境况不知其详。1917 年凌道扬在南京创建中华森林会,初与中华农学会合编《中

---

[72] 吴国基. 香港年鉴(1986)[M]. 香港:华侨日报出版,1986,55.

华农林会报》，后于 1921 年 3 月创办季刊《森林》杂志，已出 7 期，后因军阀混战，中华森林会解体，杂志停刊。于 1928 年与姚传法等在南京重建中华林学会，自 1929 年起凌道扬又多次被选被选任理事长之职，并主持了《林学》杂志的出版工作。凌道扬著有《森林学大意》《森林要览》等专著及论文多篇。

12 月 25 日，中国林学会成立 70 周年纪念大会在北京举行。国务委员方毅、中国科协名誉主席周培源、林业部部长高德占、中国科协副主席裘维蕃等出席大会。大会共同回顾了中国林学会的历史，肯定了中国林学会对我国林业事业的发展所起的积极作用。

● 1990 年

9 月，中国林业人名词典编辑委员会《中国林业人名词典》（中国林业出版社出版）著录凌道扬生平[73]：凌道扬（1887—），林学家。早年留学美国，获耶鲁大学林学硕士学位并归国。曾任金陵大学、北平大学、中央大学林科（森林科）主任，北洋政府胶澳商埠（今青岛）农林事务所所长，联合国善后救济总署广东分署署长。是中国最早的林业学术团体——中华森林会（后改名为中华林学会，为中国林学会前身）的创始人之一，曾多次被选为理事长。1949 年去香港，后赴美国定居。从民国初年起，他通过演讲和写文章等形式呼吁发展林业。提出发展林业，（一）可以减少木材进口，减少资金外流；（二）可以使荒山荒地创造大量财富；（三）可以提供就业机会，减少失业；（四）可以防止水旱等自然灾害。主张发展林业教育，在小学教科书中应加入有关林业的知识；办高等林业教育必须考虑中国国情，课程内容必须适用，并注重实验，各地区林业学校应办出特色。曾发表《振兴林业为中国今日之急务》、《水灾根本救治方法》等论文，著有《森林学大意》、《森林要览》等。

● 1993 年

8 月 2 日，凌道扬先生病逝于美国加利福尼亚州，享年 105 岁。凌道扬一生著述甚丰、涉及林业、农业、水利、教育等，共出版专著 10 部（《森林学大意》（1916 年）、《森林要览》（1918 年）、《中国水灾根本救治法》（1924 年）、《青岛农

---

[73] 中国林业人名词典编辑委员会. 中国林业人名词典 [M]. 北京：中国林业出版社，1990，281-282

业状况》(1924年)、《中国农业之经济观》(1925年)、《建设中之林业问题》(1928年)、《建设全国林业建议书》(1929年)、《华北造林浅说》(1929年)和《森林的利益》(1929年)、《视察西北救济工作报告及建议》(1944年)),发表论文及报告70余篇。

● **1997 年**

是年,凌道扬、崔亚兰夫妇合葬于美国加利福尼亚州旧金山湾区拉斐特奥克蒙特公墓《OAKMONT MEMORIAL PARK》,墓碑上镌刻着"凌公道扬博士DAO-YANG LIN(1888—1993)"和"凌母崔亚兰太夫人YA-LAN TSUI LIN(1907—1997)",中间是一个"十字架",下面是大写"LIN"。

● **1998 年**

8月,董兆祥等编《西北开发史料选辑1930—1947》一书,148—154页收录李积薪、凌道扬著《西北"农林计划"(摘录)》,对西北的土壤、气候等作了一个全面的、详细的介绍[74]。

9月,章开沅主编《社会转型与教会大学》,书中记载的《中国基督徒名录》418页载有《凌道扬生平》[75]。原文为:凌道扬(1888—),1909年毕业于圣约翰大学。1915—1917年任金陵大学林学教授。1923—1928年任青岛林业局局长。1928—1930年任中央大学农学院院长。1930—1932年任实业部农林局局长。1923—1928年任青岛林业局局长。1928—1930年任中央大学农学院院长。1930—1932年任实业部农林局局长。1934年起任广东省农林局局长。1939年起任黄河水利委员会委员。中国林学会创立者、会长。曾任救济总署广东分署署长。曾任青岛、南京、广州基督教青年会董事。1950年以后任香港崇基学院院长。

● **2000 年**

10月27日,"凌道扬园"开幕典礼。在凌佩馨的提议下,凌家兄弟姐妹捐款在香港中文大学崇基学院修建一座"凌道扬园",该园由凌道扬的孙子凌显文

---

[74] 董兆祥.西北开发史料选辑(1930—1947)[M].北京:经济科学出版社,1998:148-154.
[75] 章开沅.社会转型与教会大学(附教会大学学报校刊出版史略、中国基督徒名录及简介)[M].武汉:湖北教育出版社,1998:418.

凌 道 扬 年 谱

设计，纪念碑前面种有6棵阴香树，代表着他的3子3女。10月27日，香港中文大学崇基学院在崇基礼拜堂附近举行"凌道扬园"开幕典礼，凌宏璋博士代表家人和崇基学院校董会主席熊翰章、院长李沛良、校友会主席许汉忠以及学生会主席陈苑悠一起主持了开幕式，并发表了简短的致词[76]。

● 2005年

8月，在中国农业大学百年华诞之际，由中国农业大学百年校庆丛书编委会编、许增华主编出版《百年人物1905—2005》（中国农业大学百年校庆丛书）。书中收录的人物是学校各历史时期主要领导者、知名教授和校友（包括留学生），还有一部分是烈士，在353页刊载了凌道扬的生平[77]。原文为：凌道扬 Ling daoyang（1887—？），广东省宝安县（今深圳）人，生于1887年，卒年不详，林学家、林业教育家，中国近代林业事业的奠基人之一，中国林学会的创始人之一。凌道扬在晚清年间留学美国，1912年毕业于美国麻省农业大学，获农学学士学位，旋即入美国耶鲁大学林学院继续深造，1914年获得林学硕士学位并归国。回国后先在北京政府农商部任职，他与韩安等人向当时的中国政府提出设立"植树节"的建议，政府采纳了这一建议，并规定每年的清明节为植树节。后受聘于上海中华基督教青年会全国协会，从事林业宣传及普及工作，1916年被聘为南京金陵大学农学院林科主任。1917年，中华农学会在上海成立，他对此积极支持并被吸收为会员。为了更有利于林业的发展，他倡议创立中华森林会，得到金邦正、陈嵘等人的支持，中华森林会于1917年成立，与中华农学会形成一对"孪生兄弟"。1920年后，他历任北洋政府山东省省长公署顾问、青岛岛农林事务所所长等职。1928年被聘为国立北平大学农学院森林系教授兼系主任，次年转任国立中央大学农学院森林科主任。自1929年起至抗日战争前夕，他连续担任中华林学会理事长。1930年后，他历任南京国民政府农矿部技正、实业部技正、中央模范林区管理局局长等职。1932年5月，他代表中国前往加拿大温哥华出席泛太平洋科学协会第五次会议，并被选为该协会的林业组主任，从事太平洋沿岸各国林业的调查工作。1936年后，他历任广东省农林局局长、国民政府黄河水利委员会林垦设计委员会副主任，联合国善后救济总署广东分署署长等职，

---

[76] 张文艳.植出一片绿，留住一份情[N].半岛都市报，2015-03-10（B2）.
[77] 许增华.百年人物：1905—2005[M].北京：中国农业大学出版社，2005：353.

1949 年去香港，成为香港知名人士，曾任香港教育委员会委员、香港农村发展委员会委员、香港中文专上学校协会主席、香港联合会书院院长、香港中文大学筹备会主席、中文大学崇基学院董事、孟氏教育基金会主席及新亚学院董事、香港新界农业会主席、中山图书馆馆长等职，并两度赴台湾讲学、考察，后定居美国。凌道扬是中国近代林业事业的先驱者之一。他自美国留学归国后，大力宣传林业科学原理，他较早地提出造林可防止和减少水旱灾害之观点。他曾多次在上海、浙江、南京等地进行林业宣传。同时，他将自己所掌握的知识，并结合实际调查情况，写成《森林学大意》一书，张謇为此书写了序，称赞到"学森林而有实行之志，深知中国木荒之痛"，到 1930 年此书已再版 6 次，1936 年又两度再版，可见其影响之广。更值得一提的是，他的爱林思想与对林业事业的热忱，对孙中山先生的一些理论亦产生过影响。他曾代表中华林学会呼吁教育部在小学教科书中增加森林知识，使学生从小养成热爱森林、热爱林业的思想，这也是颇有远见的。他在国立北平大学农学院和国立中央大学农学院任职、任教期间，积极开拓"森林"这块新的教育园地。他一生著述甚丰，著作有《森林学大意》、《中国农业之经济观》等，论文主要有《振兴林业为中国今日之急务》、《大学森林教育方针之商榷》等。

12 月 1 日，由刘国铭主编、团结出版社出版的《中国国民党百年人物全书（下）》一书 1878 页载有凌道扬生平[78]。原文为：凌道扬 Ling daoyang（1890—？），广东省宝安（今深圳）人，生于 1890 年（光绪十六年），上海圣约翰书院文学士毕业，赴美国留学，获麻省农科大学农学学士、耶鲁大学林学硕士、麻省大学荣誉法学博士学位。1914 年回国后，历任北京政府农商部技正、南京金陵大学林科主任、交通部及山东省长公署顾问、青岛农林局局长、山东林务专员等职。后任国立北平大学农学院教授、中央大学农学院教授兼森林系主任、国民政府实业部简任技正、中央大学农学院院长。曾以中国代表身份参加太平洋科学协会第五次会议，并当选林业组组长，致力于太平洋沿岸各国林业的调查工作。1931 年 12 月 5 日任实业部中央模范林区管理局局长，1936 年 9 月任广东省农林局局长。1939 年 9 月 8 日被委派为黄河水利委员会委员。1945 年 9 月 16 日被委任为善后救济总署广东分署署长。后去香港，并在香港担任多种职务。著有《森林学大意》等。

---

[78] 刘国铭. 中国国民党百年人物全书（下）[M]. 北京：团结出版社，2005：1878.

2007年

7月12日,中国林学会成立90周年纪念大会在人民大会堂隆重举行,国务院副总理回良玉出席纪念大会,中国林学会理事长江泽慧致开幕词,她在开幕词中两次讲到凌道扬先生。一是"中国林学会在90年的历史进程中,历经风雨,几经起伏,经历了三个重要时期。第一个时期是1917年成立的中华森林会。一批我国近代林学的开拓者凌道扬、陈嵘等人,本着'集合同志,共谋中国森林学术及事业之发达'的宗旨,在南京发起成立了我国第一个林业学术团体中华森林会。创办学术期刊《森林》,普及林业科学知识,开启了我国近代林学和林业社团发展的新纪元";一是"中国林学会从艰苦创建到快速发展的90年,是我国近代林业从开创到完善,并向现代林业发展的90年,是几代林业科技工作者不断追求科学真理、锐意科技创新的90年,是学会事业和学会会员不断经受考验、不断发展壮大的90年。值此机会,我们向那些为林学会的创建,为林业科教事业发展作出历史性贡献的凌道扬、姚传法、梁希、陈嵘、郑万钧等已故的老一辈林业科学家,表示深切的怀念……"[79]这两段提到了两个关键词,一是"我国近代林学的开拓者",一是"历史性贡献"。

2008年

8月,深圳市特区文化研究中心刘中国等致力于凌道扬研究,著有《凌道扬传(中国近代林业科学先驱)》一书,由公元出版有限公司出版社出版。

12月,陈寅主编《先导 影响中国近现代化的岭南著名人物》,第631~640页记载《凌道扬:中国近代林业科学先驱》。

2009年

10月,刘中国、刘鸿雁编译《凌道扬全集》,由公元出版有限公司出版。

2012年

1月,周川主编《中国近现代高等教育人物辞典》538~539页刊载了凌道

---

[79] 江泽慧在中国林学会成立90周年纪念大会上致开幕词 [EB/OL]. [2009-05-22].http://www.csf.org.cn/html/zhuanlan/zhongguolinxuehuitongxun/2009/0522/2749.html.

扬传记[80]。原文为：凌道扬（1888-1993），广东新安人。1909年毕业于上海圣约翰书院。次年留学美国，1912年毕业于麻省大学农学院；1914年毕业于耶鲁大学，获林学硕士学位。同年回国，任职于北京政府农商部。1915年上书倡导设立植树节。同年到上海，任职于中华基督教青年会。1916年任金陵大学林科教授，兼主任。次年发起创立中华森林会，任理事长；参与孙中山《建国大纲三民主义》部分章节写作。1920年任山东省长公署顾问、济南林务局专员。1928年任国立北平大学森林系教授兼主任。次年任国立中央大学森林系教授兼主任，主编《林学》杂志。1930年后，任国民政府实业部技正、中央模范林区管理局技正及局长、广东省林业局局长等。1949年移居香港。1955年任崇基学院院长，主张"无间东西、沟通学术""有怀胞兴、陶铸人群"。1960年任香港联合书院院长，参与筹建香港中文大学。曾任香港教育委员会委员、香港中文专上学校协会主席、中山图书馆馆长、孟氏教育基金会主席等。1957年被美国麻省大学授予名誉法学博士学位。1980年移居美国。著有《森林学大意》、《中国农业之经济观》等教科书和著作，另有《大学森林教育方针之商榷》。

11月2日，吴青在《中国的教会大学传统的传承和拓展——何明华和香港中文大学崇基学院的创办》上写道：崇基学院不仅在香港高等教育史上有着举足轻重的地位，其对中国的高等教育亦有着特别的意义。2011年12月1日，香港中文大学校长沈祖饶在毕业典礼上，深情寄语中大的毕业生们，殷切期望他们在今后能够俭朴、高尚、谦卑地生活，"假如你拥有高尚的情操、过着俭朴的生活、并且存谦卑的心，那么你的生活必会非常充实。你会是个爱家庭、重朋友，而且关心自己健康的人。你不会着意于社会能给你什么，但会十分重视你能为社会出什么力。"这段寄语，明白无误地体现出崇基学院所宗奉的基督教教育理念，亦反映出整个香港中文大学在人才培养上受到崇基办学理念的深刻影响。可以说，20世纪50年代初期何明华会督主导创办的崇基学院，不但继承了过去教会大学的优秀传统，而且随着时代的发展，已经内敛为整个中文大学的灵魂和精髓，甚至可以说，它为香港社会营造了一个兼容世俗与宗教教育的广阔空间。近代教会大学在今天的香港已经走上了一条充满魅力、贡献智慧的坦途[81]。

---

[80] 周川.中国近现代高等教育人物辞典[M].福州：福建教育出版社，2012：538-539.
[81] 吴青.中国的教会大学传统的传承和拓展——何明华和香港中文大学崇基学院的创办[M].福建师范大学中国基督教研究中心.多学科视野下的中国基督教本土化研究福建：福建师范大学，2012：287-296.

● 2014 年

10 月 31 日，香港中文大学崇基学院在牟路思怡图书馆二楼举办《培芳植翠道悠扬——崇基校园植树回顾展》（31.10.2014–30.9.2015），纪念中国近代林学先驱凌道扬[82]。

● 2017 年

7 月，"2017 第 19 届国际植物学大会"在深圳召开，深圳布吉街道在凌道扬故居举办"中国林业科学先驱——凌道扬图片展"[83]。

---

[82] 崇基学院校史档案馆. 培芳植翠道悠扬[M]. 香港：崇基学院出版，2015：1-72.
[83] 陈遥, 聂朦. 布吉老街走出中国林业奠基人[N]. 深圳侨报，2017-0728（A11）.

姚传法年谱

姚传法（自1931年蒋用宏、刘觉民编《实业讲演集》）

姚 传 法 年 谱

● **1893 年（清光绪十九年）**

9月2日，姚传法（Chuan fah Yao, Yao Chuanfa, Yao Zhuan fa），字心斋，生于上海，祖籍浙江省鄞县（今宁波市）。鄞县姚氏为宁波名门望族，姚氏宅院现称"开明街姚宅"或"莲桥第姚宅"。姚传法为长子，父姚承铨、母姚周夫人（鄞县望族周钊次女）。姚传法有兄妹9人，男7人传法、传纪（宁波斐迪学校毕业）、传纲（杭州蕙兰中学毕业）、传经（早殇）、传薪（早殇）、传统（宁波商业学校毕业）、传德（杭州蕙兰中学毕业），女2人姚金英、姚梅影。姚传法在鄞县两等小学校、宁波斐迪中学（宁波斐迪中学为清光绪五年（1879年）秋季由英国耶稣教循道公会阚斐迪牧师所办）完成小学、中学教育。姚传驹为其家兄（族人，当地人称为家兄），《鄞县姚氏宗谱》记载，屠呦呦的外公姚传驹（字咏白，1882年4月25日生，卒年不详）为北洋政府财经官员，金融改革派人物。

● **1911 年（清宣统三年）**

是年，姚传法毕业于宁波斐迪中学，考入上海沪江大学。沪江大学是20世纪上半叶一所位于上海的浸会背景的教会大学，创办于1906年，原名上海浸会大学。

● **1916 年（民国五年）**

6月，姚传法毕业于1916届上海沪江大学理科，获理学士学位。同届毕业生有陈子初、陈元龙、钱家集、周维新、顾振亚、凌永泉、缪秋笙、严恩椿、严其华、樊正康（沪江大学第一任中国籍教务长，1938年刘湛恩殉难后任沪江大学校长）和姚传法共11人。姚传法毕业之后，自费赴美国俄亥俄州丹尼森大学（Denison University）深造。丹尼森大学坐落在俄亥俄州格兰茨维尔地区，是美国顶尖文理院校之一。

● **1918 年（民国七年）**

8月10日，《申报》刊登沪江大学毕业生赴美游学的报道。全文为：沪江大学开办十年，成绩卓著。毕业生赴美游学者，颇不乏人。其由该校备资保送者，有郑章成、邬志坚二人（1913年沪江大学首届大学生共两名毕业，即郑章成和邬志坚，编者注）。郑君已得博士学位，将于今年下半年回国。邬君肄习专学，亦将毕业，将来亦有博士希望。兹悉本年又有学生五人游美，上月二十九日顾泰来君先行放洋。本月十五日徐章垿（徐志摩）、陆麟书、姚传法三君将乘中国邮轮南京号赴美。又有赖祖光君定于九月十四日起行。以上五生大抵研究教育医学云。

11月，姚传法撰文在《THE CHINESE STUDENTS CHRISTIAN JOURNAL（留美青年）》58~59页介绍丹尼森大学基督教的情况。

● 1919年（民国八年）

是年，姚传法从美国俄亥俄州丹尼森大学毕业，获科学硕士学位，赴美国耶鲁大学学习。姚传法在美国留学期间为北美基督教丹尼森大学中国留学生会负责人。

● 1920年（民国九年）

9月，郭秉文联合张謇、蔡元培、王正廷、沈恩孚、蒋梦麟、穆湘玥、黄炎培、袁希涛、江谦共10人，联名向教育部提出拟就南京高等师范学校校址，及南洋劝业会旧址，建设南京大学，以宏造就。

12月6日，教育部长范源濂委任郭秉文为东南大学筹备员，国务会议全体通过，同意改南京高等师范学校为大学，定名为国立东南大学。

● 1921年（民国十年）

3月，姚传法撰《世界纸业调查及振兴中国纸业之理由（The Development of the Paper and Tulp Industry in China）》在《留美学生季报（The Chinese Students Quarterly Review）》第1期刊登。

4月，《American Forestry》1921年4月21卷270页刊登《Forest School Note》，姚传法当选为西格玛赛耶鲁分会会员。西格玛赛（Sigma Xi）是由康奈尔大学的教职工和研究生于1886年创立的一个非盈利性的科学研究荣誉组织。

7月，姚传法获美国耶鲁大学年度最佳奖学金和林学硕士学位，硕士学位论文题目为《Comparative Study of the Three Principal Species of Fraxinus Mated in America and One Specie of Fraxinus Mated in China》，一起毕业的还有Telly Howard Koo（顾泰来，来自东吴大学，1919年到美国耶鲁大学，1921年获硕士

学位，1922 年获博士学位后回国到南京东南大学任教，不久即到外交部任职，研究历史与政府）。

7 月 21 日，《Yale Forest School News》1921 年 10 月 9 卷 4 期 63 页报道：姚传法与同时从耶鲁大学硕士毕业的沈鹏飞（P. F. Shen）将启程从加拿大温哥华（Vancouver B C）回国。

9 月，姚传法在加拿大首都渥太华（Ottawa）由国民党左派元老经亨颐介绍加入中国国民党，同月姚传法回到上海。

9 月，国立东南大学成立，郭秉文任校长，农业专修科扩充为东南大学农科，邹秉文仍为主任。

10 月，姚传法任复旦大学生物学教授。同月，任上海沪江大学生物学教授，至 1922 年 10 月[84]。

● 1922 年（民国十一年）

4 月，姚传法（通讯地址：法租界贝勒路 Rue Amiral Bayle 4 号，现在黄陂南路）撰文在《Yale Forest School News》1922 年 4 月 10 卷 2 期 51 页介绍他在中国的工作情况。

7 月，江苏省立第一农业学校在南京丁家桥南洋劝业会旧址成立[85]，陈嵘辞江苏省第一农业学校林科主任职，姚传法任林科主任。

10 月，姚传法任上海中国公学教授。1922 年秋，教育部令准中国公学商科专门升格为大学，张东荪主持中国公学校务，广延名师、不拘年龄，不分党派及政治背景，聘请好的教授，积极充实图书设备，提倡自由研究的学风。10 月中国公学中学部主任舒新城（1893—1960 年，学者、出版家）四处约聘新教员，包括叶圣陶、朱自清、吴有训等各地名师闻讯而至。

是年，姚传法在浙江嘉兴创办大中造纸公司，投资 40 万元，生产纸板及火柴盒用纸[86]。

---

[84] 沪江大学教师名单（三）：英文系中文系教育学系社会学系音乐学系格致部化学系生物学系会计学系. [EB/OL]. http：//blog.sina.com.cn/s/blog_652847de0102dved.html
[85] 李志跃. 中央大学二部丁家桥校址的沿革[J]. 紫金岁月，1998（02）：34-35.
[86] 余淑兰. 中国近代新式造纸公司的萌芽与发展[D]. 江西师范大学，2016

- **1924 年**

  7月，姚传法任国立北京农业大学生物系主任、教授。

- **1925 年**

  3月，姚传法任南京东南大学农科教授。

- **1927 年（民国十六年）**

  4月，国民政府定都南京。

  4月，姚传法担任江苏省农林局局长。

  5月，江苏省建设厅成立（由原1917年9月直隶省长公署的实业厅改组），为省政府直辖机构。1927年7月16日，江苏省第二十五次政务会议修改通过《江苏省建设厅组织条例》。依条例规定，建设厅受省政府之指挥监督，管理全省土地、交通、水利、市政、农林、工商、渔业、矿产、畜牧、气象测候、度量衡器等各项建设事宜，并统辖所属各机关，设设计委员会、技术科、文事科、总务科。姚传法任省建设厅专任设计委员。

  6月6日，南京被定为特别市，刘纪文任第一任市长。

  6月9日，国民政府教育行政委员会颁布"大学区制"，将原国立东南大学、河海工程大学、江苏法政大学、江苏医科大学、上海商科大学以及南京工业专门学校、苏州工业专门学校、上海商业专门学校、南京农业学校等江苏境内专科以上的9所公立学校合并，组建为国立第四中山大学。国民政府任命江苏省教育厅厅长张乃燕为第四中山大学校长，农科随之改为第四中山大学农学院，任命蔡天忌为院长。

  7月29日，第四中山大学常宗会、张天才前往接收江苏省立第一农业学校，合并于第四中山大学农学院，并以江苏省立第一农业学校旧址作为四中大农学院院址，将系改为科，设森林组。

  是年，姚传法与陈静慈的女儿姚雪英出生。

- **1928 年（民国十七年）**

  2月29日，第四中山大学依令《校本部奉令更改校名的通知》更改校名为"国立江苏大学"，4月5日只称"江苏大学"。1928年5月16日，国民政府行政院作出了"江苏大学改称国立中央大学"的决议。农学院下辖8科，森林科至民国18年才独立成科（系）。

2月，姚传法的《林业教育》一文在《江苏》1928年第2期39～42页刊出。

3月，南京国民政府成立农矿部。

4月1日，姚传法《如何方不辜负今年江苏的植树节》刊于金陵大学农学院农林新报社编辑出版的《农林新报》1928年第130期3～5页。

5月2日，江苏省农工厅改为农矿厅，姚传法任省农矿厅技正。

5月，蔡元培在南京主持召开第一次全国教育会议，《第一次全国教育会议提案形成相关政策文件明细》职业教育组（32件）中提到：(17)请设立林业教育委员会研究林业教育之设施案，由姚传法、李寅恭等提出，决议案通过。(18)请设中央林产研究所案，由吴承洛、姚传法等提出，决议案通过[87]。

5月18日，由姚传法与凌道扬、陈嵘、李寅恭等发起恢复林学会，宗旨为"研究林学、建设林政、促进林业"，并推姚传法、韩安、皮作琼、康瀚、黄希周、傅焕光、陈嵘、李寅恭、陈植、林刚等10人为筹备委员[88]。

6月15日，姚传法《设全国林务局条陈》在1928年国立中央大学农学院编辑出版的《农学杂志》1928年第2号第27～36页刊登。

8月7日，召开中国农学会十一届年会，主席团由许璇、陈嵘、过探先、姚传法、吴庶晨、陶昌善、黄枯桐组成。

8月24日，经姚传法、金邦正、陈嵘等积极推动和筹备，中华林学会在南京金陵大学农林科召开中华林学会成立大会，通过林学会章程，公推姚传法为理事长，选举陈嵘、凌道扬、梁希、黄希周、陈雪尘、陈植、邵均、康瀚、吴恒如、李寅恭、姚传法11人任理事，会员89人，设总务、林学、林政、农业4部，推黄希周、梁希、凌道扬、李寅恭分任四部主任。并决定出版《林学》杂志，推陈雪尘、黄希周、陈植负责办理，推姚传法写发刊词。全国林学界的元老耆宿和专家学者大都延揽在内，形成了一个大团结的战时林学团体。会址设在南京保泰街12号[89]。

8月24日，姚传法任国民政府农矿部技正兼第二科科长。

---

[87] 于潇著. 社会变革中的教育应对民国时期全国教育会议研究 [M]. 杭州：浙江大学出版社，2015，231.
[88] 江苏省地方志编纂委员会编. 江苏省志·林业志 [M]. 北京：方志出版社，2000，附录.
[89] 江苏省地方志编纂委员会编. 江苏省志·林业志 [M]. 北京：方志出版社，2000，附录.

9月15日,姚传法所著的《兵工与农林》一文在国立中央大学农学院《农学杂志》1928年第3号第133~136页刊登。

9月16日,中华林学会召开第一次理事会议,研究决定向农矿部设计委员会及江苏省农政会议提出全国划分林区,成立省林务局,黄希周任江苏省林务局局长(林务局设在镇江)。

10月,农矿部设置林政司,下设二科,姚传法被聘任为林政司科长及部设计委员会常务委员。

11月,中华林学会召开第二次会议,议决编辑林学杂志和林学丛书,由姚传法主持会议,推选陈雪尘、黄希周、陈植3人负责编辑,并向各委员征稿。

11月6日,江苏省政府改组,改农工厅为农矿厅,国民政府委任何玉书为省政府委员兼农矿厅厅长,姚传法任江苏省农矿厅技正。

12月,姚传法《三种美国白蜡条与一种中国白蜡条木材组织之比较》(英文)刊于《中华农学会报》(中华农学会第十一届年会专刊)1928年64、65期45~71页。同期姚传法所著的《设立全国林务局意见书》刊于163~168页。

• 1929年(民国十八年)

1月10日,《姚传法先生在本院演讲纪略》在《中央大学农学院旬刊》1929年13期6页刊登:本月一日昆虫组张主任景欧请农矿部姚传法先生来院演讲,题目是《兵工政策》,内容计划分兵工意义、兵工政策之历史、兵工计划及结论,词意详尽,诚可谓裁兵善后之良策也。

1月,由南京国民政府指定专员另行草拟的《森林法草案》送请立法院审议,时任农矿部林政司科长姚传法参加法案的草拟工作。

3月,农矿部与建设委员会设立中央模范林区委员会,育苗造林。次年改名为中央模范林区管理局,由实业部直辖。

6月,姚传法召开第六次理事会议,决定呈请国民政府及农矿部给予理事会经济补贴,推姚传法、黄希周、陈雪尘3人拟全国林业教育实施方案,函请政府机关代表参加,同时召开新闻记者会,及时宣传报道。

6月,姚传法《怎样纪念总理的植树式》在《江苏旬刊》1929年第18期63~66页刊出。

6月,姚传法编著《兵工政策(上)》(230页,32开)《兵工政策(下)》(370

页，32 开）(易培基题名，初版），由新学会社刊行。

9月，农矿部召开全国林政会议，有林业专家教授49人参加，姚传法提出"请中央明令规定以大规模造林为防止水旱灾根本办法"一项提案，后经大会合并有关提案，作出决议："水源山地实行造林，严禁滥伐；严禁水源地开垦；请中央通令各治水机关划出一部分经费建造水源及江河湖海沿岸森林"。

9月，《批中华林学会理事长姚传法呈请拨给建筑会所基地已咨请江苏省政府酌办文》在《农矿公报》1929年9期127~128页刊登。

10月，姚传法《建设委员会农矿部直辖中央模范林区委员会工作报告（第一期）》(16开，91页）由中央模范林区委员会刊行。

10月，《林学》创刊号问世，《林学》刊布会员研究论文，发扬学术，期有助于林业之发达。姚传法《序》在1~2页、《森林更新法总论》在3~9页、《江苏省立太湖造林场计划》在27~30页、《兵工植树计划》在49~60页刊登。他在《序》中自述：十余年来追随诸同志后，奔走呼号，以期林学之进步，林政之修明。

11月，中华林学会召开第二次会议，议决编辑林学杂志和林学丛书，由姚传法主持会议，推选陈雪尘、黄希周、陈植3人负责编辑，并向各委员征稿。在第四次理事会上推荐黄希周负责《森林学》一书的印刷和出版工作。

12月，中华林学会第三届理事会举行，凌道扬为第三届理事会理事长，邵均、陈嵘、康瀚、陈雪尘、高秉坊、梁希、姚传法、林刚、凌道扬为理事。

● 1930年（民国十九年）

2月，姚传法《林业教育刍议》在《林学》1930年2号1~6页刊登。文中提出：以中国之大，当有四五所林科大学或高等林业专科学校，一设于东三省，一设于西北，一设于中部，一设于东南，一设于西南。至于农林合办之学校当然愈多愈好。

2月，姚传法《训政时期物质建设事业实施程序原则之商榷》在《中国建设》1930年第2期15~18页刊登。

2月，姚传法《抗战期中西南林业问题》在《中国青年》1930年第2期95~123页刊登。

2月，国民政府行政院农矿部长易培基遵照孙中山先生遗训，积极提倡造林，呈准行政院及国民政府自3月9日至15日一周间为"造林运动宣传周"，于

12日孙中山先生逝世纪念日举行植树式。北方地区以3月初旬，寒气未消，还不适于栽树之故，特规定植树式仍于3月12日举行外，造林宣传运动周延至清明节行之，并由该部公布《各省各特别市各县造林运动宣传周办大纲》7条，以便全国照办。

3月，农矿部任职的姚传法、陈养材，金陵大学教授陈嵘，中央大学教授凌道扬、李寅恭轮流到省会镇江演讲江造林运动的意义、发展中国林业的计划及实施办法。

3月，农矿部提出自本年的3月12日孙中山逝世纪念日起，每年照例以一周为造林运动宣传周，举行大规模的造林运动。旋经南京国民政府批准定案，在南京举行的宣传周期间，首都造林运动宣传委员会将11位林业专家撰写的文章各印5 000份，作为宣传品散发，其中有姚传法所写的《林业教育刍议》和《造林救国办法之商榷》两篇文章。姚传法在《兵工与造林》和《兵工植树计划》两篇文章中，提出"举行兵工植树既为利用兵工空闲，义务供给地方以造林之人工，即不啻为国家与地方节省大宗造林之工资"。

3月，姚传法《林业教育刍议》（32开，8页）、《造林救国办法之商榷》（32开，8页）由首都造林运动委员会刊行。

6月，姚传法《中国林业问题》在蒋用宏、刘觉民编的《实业讲演集》75～123页，由南京中央政治学校附设西康学生特别训练班刊行[90]。《中国林业问题》署名美国代尼生大学科学硕士、耶鲁大学林学硕士、现任农矿部科长兼技正设计委员会常务委员姚传法，讲稿1万5千余字，体现了他的主要林学思想。包括7个部分：（一）林业问题概说：（1）林业问题的定义；（2）林业与其它物质建设事业的关系；（3）林业与人生及心理建设的关系；（4）林业与国防的关系；（5）东西各国对于林业问题的重视。（二）中国林业问题的特性：（1）中国森林史略；（2）中国森林概况；（3）中国林产的恐慌；（4）中国森林衰落的原因；（5）中国森林振兴的障碍；（6）林业救国的理由。（三）总理对于中国林业的主张：（1）实行造林防灾；（2）建造大规模的森林；（3）利用现有森林；（4）提倡国营林业；（5）举办森林测量；（6）整理重视林业的其它言论。（四）中国的林业行政问题：（1）中央林业行政；（2）各省林业行政；（3）地方林业行政；（4）森林保护行政。

---

[90] 蒋用宏、刘觉民编.实业讲演集[M].南京：南京中央政治学校附设西康学生特别训练班，1930，75-123..

（五）中国的林业教育问题。（六）中国的造林问题。（七）中国的兵工造林问题。

8月，邹秉文重任国立中央大学农学院院长。

9月，姚传法著《日光与林木之关系》（23开，44页）由森林丛刊刊行。

10月，农矿部正式提出《利用编余官兵实行兵工造林》的议案，所列举的5点理由、7点办法均采纳姚传法的论点，作为政府文件下达。

12月13日，朱家骅到校就任国立中央大学校长，12月20日在中大体育馆举行就职仪式。上任后，即着手变更学校行政组织，将科恢复为系，改农学院8科为6系，即农艺、园艺、蚕桑、森林、农业经济和畜牧兽医学系，邹秉文仍任中央大学农学院院长，李寅恭任农学院森林系教授兼系主任。

是年，姚传法著《木材造纸浅说》（22页）由南京农矿部林政司刊行。

是年，姚传法著《造纸法大意》由南京农矿部林政司刊行。

● 1931年（民国二十年）

1月17日，在南京召开中华林学会三届理事会，凌道扬为第三届理事会理事长，姚传法、陈雪尘、梁希、康瀚、陈嵘、黄希周、高秉坊、李蓉、凌道扬为理事。

1月，姚传法《请政府确遵总理遗训宽筹经费努力实行民生主义第三讲内所规定之七项加增农业生产方法案》在《农矿部农政会议汇编》1931年创刊号132～133页刊登。

1月，姚传法《请政府明令规定以振兴水利消弭水旱灾祲为目前中国农业之急救方策案》在《农矿部农政会议汇编》1931年创刊号197页刊登。

2月，梁希任国立中山大学农学院院长[91]。

4月，梁希辞国立中山大学农学院院长，刘运筹为农学院院长。

5月，姚传法随国民党中央委员经亨颐（廖承志的岳父）到广州，参加国民党召开的"非常会议"，经经亨颐介绍他与立法院院长孙科相识。

● 1932年（民国二十一年）

1月20日，吴尚鹰、邓召荫、陈长蘅、罗运炎、姚传法组成立法院土地法起

---

[91] 徐春霞. 民国时期国立中央大学的农业教育[D]. 扬州大学，2008，14.

草委员会。姚传法任国民政府立法委员并担任立法院土地法委员会的召集人,担任国民政府立法委员至1947年(连任该职长达15年)。

6月,立法院谘请行政院,在中央地政机关未成立前,由主管土地机关斟酌各地实情,拟具草案,送立法院审议。

9月16日,南京国民政府《森林法》公布,姚传法是起草工作的重要参与者。

10月,刘运筹辞国立中山大学农学院院长,任国立北平大学农学院院长。邹树文为国立中山大学农学院院长。

• 1933年(民国二十二年)

1月,中国科学社编《中国科学社社员分股名录》47页记载:姚传法为中国科学社社员。

1月12日,姚传法任第3届中华民国训政时期立法委员,至1935年12月[92]。

• 1934年(民国二十三年)

5月,行政院将《土地法施行法草案》、《估计专员任用条例草案》、《契据专员任用条例草案》,一并送立法院审议。

6月30日,立法院举行联席会议,指定姚传法、史尚宽、陈长蘅、赵乃传、黄右昌等5人为初步审查,由姚传法召集,并于1935年3月院会通过,国民政府于同年4月5日明令公布《土地法施行法》。公布后,国民政府于民国二十五年2月22日明令土地法及土地法施行法,均自1936年3月1日起施行,并将行政院所订《各省市地政施行程序大纲》(共33条)同时公布,以为施行土地法之准绳。至此,有关土地法令之基本法制,大致完成其体系[93]。

• 1935年(民国二十四年)

1月12日,姚传法当选为第4届中华民国训政时期立法委员。

2月,姚传法任第4届立法委员,至1948年7月[94]。

5月25日下午,姚传法委员参加立法院经济、商法委员会第4届第1次联

---

[92] 曹必宏主编. 中华民国实录(第5卷上)[M]. 长春:吉林人民出版社,1997,4468-4471.
[93] 杨松龄. 实用土地法精义[M]. 台北市:五南图书出版股份有限公司,2011,14.
[94] 曹必宏主编. 中华民国实录(第5卷上)[M]. 长春:吉林人民出版社,1997,4468-4471.

席会议，会议修正通过《中国农民银行条例》原则及草案[95]。

7月16日，姚传法母亲姚周夫人在上海去世。

10月27日，宁波姚传法之母《姚母周太夫人讣告》一册刊印，于右任题签，林森、蒋介石、汪精卫、居正、张人杰等题字。

● 1936年（民国二十五年）

2月，中华林学会第四届理事会举行，凌道扬为第四届理事会理事长，李寅恭、胡铎、高秉坊、陈嵘、林刚、梁希、蒋蕙荪、康瀚、凌道扬为理事。

● 1939年（民国二十八年）

2月，姚传法《抗战期中西南林业问题》在《中国青年》1939年第2期95～136页刊登。

5月7日，国民政府5月7日至13日召开第一次全国生产会议，会上姚传法、叶秀奎、张邦翰的《请政府于滇西及川边原生林区筹设国营伐木公司用科学方法采木造林以尽地利而增生产案》[96]。

7月，姚传法《抗战期中西南林业问题》在《时事类编》1939年第37号18～36页刊登。

● 1940年（民国二十九年）

3月，姚传法、张楚宝《实行总理的森林政策》在《重庆新华日报》1940年3月12日刊登。

6月10日，姚传法《宪法中关于土地问题之规定》在《时事类编》1940年第53期67～100页刊登。

7月1日，国民政府农林部于重庆成立，隶属于行政院，掌理全国农林渔牧和垦务行政事务。

8月10日，姚传法《宪法中关于土地问题之规定》在《时事类编》1940年第55期67～79页刊登。

9月，复旦大学农学院成立茶叶研究室，由姚传法教授主持，研究室下设生

---

[95] 徐斌，马大成. 马寅初年谱长编[M]. 北京：商务印书馆，2012，290.
[96] 屈杨杨. 抗战时期第一次全国生产会议述评[M]. 西南大学，2013，36.

产、化验、叶经济 3 个部，还有一个资料室[97]。

● 1941 年（民国三十年）

2 月，抗日战争开始后，学会中断活动，在姚传法等的倡议下，在大后方的林学界人士在重庆召开中华林学会第五届理事会，姚传法为第五届理事会理事长，梁希、凌道扬、李顺卿、朱惠方、姚传法为常务理事，傅焕光、康瀚、白荫元、郑万钧、程复新、程跻云、李德毅、林祜光、李寅恭、唐耀、皮作琼、张楚宝为理事。中华林学会名誉理事长：蒋委员长、孙院长、孙副院长、陈部长伯南。名誉理事：于院长、戴院长、翁部长咏霓、张部长公权、陈果夫先生、陈部长立夫、吴一飞先生、朱部长骝先、吴鼎昌先生、林次长翼中、钱次长安涛、邹秉文先生、穆藕初先生、胡步曾先生[98]。同时，中华林学会成立水土保持研究委员会时，凌道扬、姚传法、傅焕光、任承统、黄瑞采、葛晓东、叶培忠、万晋和徐善根为委员。中华林学会地址位于东川北碚魏家湾八号。

10 月，姚传法《民生主义的森林政策》在《林学》1941 年第 7 号 1～8 页刊登。同期姚传法、唐耀《中国林学研究之展望》在 8～10 号刊登。文中提出：我国林业教育多年来始终为农业教育之附属品，事关利用全国土地 1/2 之森林，迄今仍无一所专科学校或林学院，农林二者性质不同，农林教育之宗旨与方法各异，中华林学会之历届年会均有决议案送请教育部以筹设林科大学或大学林学院，均被搁置。已有之林业专门人才，必宜善为利用，确加保障；将来之林业人才，必宜从速造就，以符"百年树人"之明训。今日应为国家找人才，不应任专家随便找事，应为国家造就人才，不应任青年随便读书。彻底改造全国森林教育，俾有独立之系统，视全国林业之环境，分区设立林科大学或大学林学院，提高师资，充实设备，精分课目，以造就适应时代之林业专门人才，并树立森林教育之中心。

● 1942 年（民国三十一年）

是年，重庆国民政府农林部聘请姚传法兼任农林部顾问。

---

[97] 洪绂曾主编. 复旦农学院史话复旦农学院史话[M]. 北京：中国农业出版社，2005，3.
[98] 中国第二历史档案馆编. 中华民国史档案资料汇编（第五辑 第二编 文化（二））[M]. 南京：江苏古籍出版社，1998，455.

8月，姚传法、唐耀《从中国森林谈到中国木材问题》在《林学》1942年第8号1～2页刊登。

● 1943年（民国三十二年）

4月，姚传法《林与农》在《林学》1943年第9号1～2页刊登。同期，姚传法、唐耀《森林与国防》在14～16页刊登。

10月，姚传法《森林与建国》在《林学》1943年第10号1～11页刊登。

● 1944年（民国三十三年）

3月，姚传法《五五宪草中关于土地问题之规定》在《宪政月刊》1944年第3号19～22页刊登。

4月，姚传法《森林之重要性》在《林学》1944年第11号1～4页刊登，该文明确提出，森林是国家的重要资源，关系国本，故《森林法》应属国家的根本大法之一，甚至可与《刑法》、《民法》并列。

12月，姚传法、汪宝《中国茶叶现代化之问题》在《生草》杂志1944年第6期13～42页刊登。

是年，姚传法任复旦大学农学院第三任茶叶组科主任，不久茶业专修科归属农艺学系，由农艺学系主任蒋涤旧先生兼任科主任[99]。

● 1945年（民国三十四年）

1月，姚传法《森林与建国的关系》在《民主与科学》1945年第1期16～19页刊登。

9月，抗战胜利后，姚传法随国民政府迁返南京。

● 1946年（民国三十五年）

4月，姚传法任民宪会理事会第一届常务理事，名誉会长为孙科，理事会理事长为吴尚鹰。

---

[99] 洪绂曾主编.复旦农学院史话[M].北京：中国农业出版社，2005，68.

1947 年（民国三十六年）

10 月，国民政府准备召开国民大会，选举立法委员和国大代表，姚传法因故未参加竞选立法委员活动。

1948 年（民国三十七年）

是年，经留美同学、浙赣铁路局长侯家源（1918 年唐山路矿学堂毕业后考取清华官费留学，入美国康奈尔大学研究生院攻读土木工程，1919 年获硕士学位，继而入美国桥梁公司实习，1921 年回国）引荐，姚传法充任浙赣铁路局（杭州）农林顾问。抗战胜利后，侯家源于 1946 年任浙赣铁路局局长兼总工程师，重建被日寇破坏严重的浙赣铁路，1948 年全线恢复通车。

1949 年（民国三十八年）

5 月，南昌解放，国立中正大学改名为国立南昌大学，江西工专、农专、水专、体育师范专科并入，由中南区教育部直接领导。

8 月 8 日，中央大学改为南京大学，金善宝被任命为南京大学农学院院长。

1950 年

是年，姚传法在浙赣铁路局南昌分局供职。

11 月 26 日，姚传法的女儿姚雪英和朱尊权在上海结婚，他们生有女儿朱勇进[100]。姚雪英毕业于上海财经大学，在上海市委的干部医院做财务工作，后随朱尊权到郑州工作。

1951 年

是年，姚传法任南昌大学森林系教授。

1952 年

5 月，中华人民共和国高等教育部在审定中南区高等院校院系调整方案时，决定筹建一所在华中地区具有农业指导性作用的农业大学，由武汉大学农学院、

---

[100] 罗兴波，刘巍，齐婧编著．往事烟云——朱尊权传（朱尊权年表）[M]．北京：中国科学技术出版社／上海：上海交通大学出版社，2014．

姚 传 法 年 谱

湖北农学院的全部系科和湖南大学、南昌大学、广西大学、河南大学等6所大学的农学院全部和林学、森林系等部分系科组建成立华中农学院，姚传法任华中农学院森林系教授。

6月，华东教育部决定，原南京大学农学院独立，与金陵大学农学院合并成立南京农学院。

7月，成立华东林学院（南京林学院），院址暂与南京农学院一起在丁家桥，暂合称为南京农林学院，1955年南京林学院迁到太平门外，院址让给农学院。

12月3日，高等教育部与林业部研究决定，华中农学院林学系于1955学年调整到南京林学院[101]。

• 1955年

9月10日，华中农学院林学系并入南京林学院，姚传法又随校系并迁南京林学院任教授。这时他的病情加剧，几乎完全丧失工作能力，遂移居上海养病。姚传法从华中农学院转入南京林学院后其档案资料去向不明，待查。

• 1958年

11月，姚传法因历史问题被退职处理。张楚宝在《缅怀林学会两位奠基人凌道扬姚传法》一文中用了8个字描写了姚传法当时的窘况：贫病交加，晚景凄凉。

• 1959年

2月24日，姚传法逝世于上海，享年67岁。出版专著《建设委员会农矿部直辖中央模范林区委员会工作报告（第一期）》（1929年）、《兵工政策》（1929年）、《中国林业问题》（1930年）、《木材造纸浅说》（1930年）、《日光与林木之关系》（1930年）、《造纸法大意》（1930年）6部，发表论文、文章30余篇。

• 1986年

6月21～27日，中国科协第三次全国代表大会在北京召开，会上著名科学家

---

[101] 南京林业大学校史编写组. 南京林业大学校史（1952-1986）[M]. 北京：中国林业出版社，1989，306-307.

周培源率先倡导编撰《中国科学技术专家传略》，之后由中国科学技术协会主持编纂，总编纂委员会主任先后由钱三强、朱光亚、周光召同志担任；理、工、农、医四大学科编纂委员会主任委员先后由林兰英、张维、裘维蕃、吴阶平等同志担任；300余位中国知名科学技术专家、学者、教授和编辑出版人士组成涵盖各分支学科的卷编纂委员会。该书以记载中国近现代科学技术专家为主线，昭彰他们作出的重大贡献，弘扬他们高尚的道德风范，记述中国近现代科学技术发展史实。

● 1987年

11月，《中国林学会成立70周年纪念专集（1917—1987）》刊登《缅怀林学会两位奠基人凌道扬姚传法》和《中华林学会理事会理事长姚传法传略》。原文为：中国著名林学家、林业教育家。字心斋，浙江鄞县人。生于1893年，卒于1959年2月在上海病逝，享年65岁。中学毕业后，考入上海沪江大学理科，于1914年转到美国俄亥俄州但尼生大学攻读，1919年获硕士学位，1921年再获美国耶鲁大学林学院硕士学位。回国后历任任上海复旦大学生物系教授，北京农业大学教授、生物系主任，江苏第一农业学校农科主任，并曾在南京东南大学、上海中国公学、沪江大学等校担任教职。从1927年起先后任江苏省农林局局长、江苏省建设厅和农矿部科长。从1932年起任国民政府立法委员会长达15年之久，他曾参与《土地法》和《森林法》的起草制订。1947年转任浙赣铁路局农林顾问技师，1949年在南昌大学森林系任教授，1952年随该系并入华中农学院森林系，1955年又随该系并入南京林学院任教，1958年11月，因历史问题被作为退职处理。1928年与凌道扬、陈嵘、李寅恭等发起恢复林学会组织活动，并于当年8月成立中华林学会，姚传法被选为第一届理事会理事长，并筹划出版《林学》杂志。抗日战争爆发后学会活动一时停顿，1941年姚传法等出面邀集在重庆部分理事与会员，协商选举组成新的理事会，姚传法被选为理事长，并于1941年10月促成《林学》复刊，直到抗日战争胜利前夕[102]。

● 1990年

9月，中国林业人名词典编辑委员会《中国林业人名词典》(中国林业出版

---

[102] 张楚宝. 缅怀林学会两位奠基人凌道扬姚传法 [M]// 中国林学会. 中国林学会成立70周年纪念专集(1917—1987). 北京：中国林业出版社，1987：15-18, 64.

社出版）刊登姚传法生平[103]：姚传法（1893—1959），林学家，浙江鄞县人。1914毕业于上海沪江大学，同年赴美留学，1919年获美国俄亥俄州但尼生大学科学硕士学位，1921年获美国康涅克州耶鲁大学林学硕士学位。1921年加入中国国民党。曾任北京农业大学生物系主任教授、江苏第一农业学校农科主任、复旦大学教授、东南大学教授、沪江大学教授。1928年与其他人发起创建中华林学会，1928年和1941年两次当选中华林学会理事长，1929年创办《林学》杂志。1930年任江苏省农林局局长，1932年任国民党政府立法院立法委员、土地委员会召集人。建国后历任南昌大学教授、华中农学院教授、南京林学院教授，尤长于木材学的研究。发表有《江苏太湖造林场计划》、《兵工植树计划》、《三种美国白蜡条与一种中国白蜡条木材组织之比较》。

• 1991年

1月，由中国科学技术协会编、中国科学技术出版社出版的《中国科学技术专家传略》（农学编·林业卷）刊登张楚宝撰写的姚传法传略——《为我国林业发展做出重要贡献的姚传法》，传略称：姚传法，著名林学家。他在国民政府任职期间，提倡兵工造林，曾参加《森林法》草案的拟订工作和主持《土地法》的审议工作，主张推行法制，以法治林。他是中华林学会创办者之一，为中华林学会的创建与发展作出了重要贡献。

• 2005年

12月1日，由刘国铭主编的《中国国民党百年人物全书（下册）》1790页刊登姚传法生平。原文为：姚传法 Yao Zhuanfa（1893—?），字心斋，浙江鄞县人。生于1893年（清光绪十九年）。获美国但尼生大学科学硕士和耶鲁大学林学硕士学位。回国后历任上海复旦大学生物科主任、北京农业大学生物系主任、中国公学教授、沪江大学教授、东南大学农学教授等职。后任江苏全省农林局局长、江苏省农矿厅技正兼科长。1928年8月24日任国民政府农矿部技正兼第二科科长，1932年1月12日任第三届立法委员。1935年1月12日任第四届立法委员。1937年任立法院土地委员会委员长[104]。

---

[103] 中国林业人名词典编辑委员会.中国林业人名词典[M].北京：中国林业出版社，1990，254.
[104] 刘国铭.中国国民党百年人物全书（下）[M].北京：团结出版社，2005：1790.

● 2007 年

7月12日,中国林学会成立90周年纪念大会在人民大会堂隆重举办,国务院副总理回良玉出席纪念大会,中国林学会理事长江泽慧致开幕词,她在开幕词中讲到:"中国林学会从艰苦创建到快速发展的90年,是我国近代林业从开创到完善,并向现代林业发展的90年,是几代林业科技工作者不断追求科学真理、锐意科技创新的90年,是学会事业和学会会员不断经受考验、不断发展壮大的90年。值此机会,我们向那些为林学会的创建,为林业科教事业发展作出历史性贡献的凌道扬、姚传法、梁希、陈嵘、郑万钧等已故的老一辈林业科学家,表示深切的怀念……。"[105] 其中提到了一个关键词:"历史性贡献"。

● 2013 年

1月,林吕建《浙江民国人物大辞典》出版,收录民国时期的鄞州籍官员罗惠侨、翁文灏、张肇元、姚传法、夏晋麟等二十余人,其中大多具有良好的教育背景和学术经历。

---

[105] 江泽慧在中国林学会成立90周年纪念大会上致开幕词 [EB/OL]. [2009-05-22]. http://www.csf.org.cn/html/zhuanlan/zhongguolinxuehuitongxun/2009/0522/2749.html

韩安年谱

韩安（自1911年美国《中国学生月刊》）

韩安年谱

- **1883 年（清光绪九年）**

    1 月 13 日，韩安（Han An，Han Ngan，Han A）生于安徽省巢县。

- **1891 年（清光绪十七年）**

    是年，韩安 9 岁，随父母移居芜湖，在福音堂教会小学免费走读。

- **1896 年（清光绪二十二年）**

    是年，韩安被学校保送到南京美国美以美会创办的汇文书院中学部、大学部就读。

- **1905 年（清光绪三十一年）**

    7 月，韩安毕业于南京汇文书院文理科，在第七届 5 名毕业生中成绩最优，受到两江总督周馥召见并颁发七品京官札证，并担任汇文书院教员。

    12 月初，慈禧再次下令派遣五大臣出洋考察。由于绍英受伤和徐世昌已任新成立的巡警部尚书，补调山东布政使尚其亨和新任驻比利时公使李盛铎加入考察团。12 月 7 日，五大臣出京分为两路。载泽、尚其亨、李盛铎为一路，主要考察日、英、法、比等国。端方、戴鸿慈为一路，主要考察美、德、俄、意、奥等国。

- **1906 年（清光绪三十二年）**

    7 月 21 日，考察团回到上海，9 月端方考察回国后即莅任两江总督。

- **1907 年（清光绪三十三年）**

    3 月，端方下令在江南各学堂"详慎挑选"两江范围内的苏、皖、赣三地男女学生，"由各该学司及教育总会咨送投考，分科考试，评定录取"，送往美国留学[106]。

    4 月上旬，挑选工作开始，原定由江宁提学司和江苏提学司分别挑选包括 3 名女生在内的男女学生 20 名。学生挑选出来后，统归江宁提学司考试录送。这次考试的主考官是时任上海复旦公学兼安庆安徽高等学堂监督的严复。

---

[106] 朱玖琳. 宋氏三姐妹是怎样赴美留学的 [EB/OL]. [2012-12-17]. http://shrb.qlwb.com.cn/shrb/content/20121217/ArticelA22002JQ.htm

7月7日，严复判卷结束，结果仅有五六人及格，女生全不及格。他最终还是照原议选定10名男生和3名女生赴美，但"女生只好送往中学堂，不能入大学堂也"。

7月12日，江宁提学司揭晓了考试结果。10名男生分别为：胡敦复、辛耀庠、王钧豪、韩安、倪锡纯、陈达德、李谦若、郑之藩、蔡彬懿、侯景飞，由于王钧豪、侯景飞两人想完成在北洋大学的学业，遂由备取生杨景斌、杨豹灵递补；3名女生分别为胡彬夏、宋庆林（即宋庆龄）、王季茝，另备取两名为王季昭和杨荫榆。备选的王季昭和杨荫榆未能赴美求学，后经申请获准方转赴日本官费留学。

7月31日，韩安等获江南海关道台瑞澂签发的留学美国护照派往美国留学，8月到达美国，入美国康奈尔大学（Cornell University）文理学院学习。

● 1909年（清宣统元年）

是年，韩安毕业于美国康奈尔大学文理学院获理学士学位，入美国密歇根大学（University of Michigan）攻读林科硕士。

● 1911年（清宣统三年）

6月，韩安毕业于美国密歇根大学农林系（Department of Agriculture and Forestry, University of Michigan）获林学硕士学位，同年入美国威斯康星大学（University of Wisconsin）农科学习。在威斯康星大学期间，韩安担任威斯康星州中国学生俱乐部副主席，他还是中国留学生组织的爱国组织中国国家联盟（The Chinese National Union）主席。

● 1912年（民国元年）

1月7日，韩安在美国威斯康星大学做讲座，题目是《中国革命及其意义》[107]。

5月，宋教仁出任北洋政府农林部总长。

8月，韩安从美国威斯康星大学农科学习1年后回国，韩安任农林部山林司佥事，协助编辑《农林公报》。农林部8月在北京创办中国第一份农林期刊《农林公报》，旬刊，刊载农林研究文章及农林公务，后改为半月刊。

---

[107] The Chinese Students' Monthly[J]，1912，7（4）：313-314.

11月，北洋政府农林部议定，将吉林地方的禁山、官山和无主森林收归国有，遂派山林司司长胡宗瀛率员筹设吉林林务局，驻吉林，韩安任吉林林业局主任[108]。

12月7日，北京农学会召开成立大会，推农务司长陶昌善为会长，山林司长胡宗瀛为副会长，陈振先、梁赟奎分别以农林总长、次长任名誉会长。评议员：谭天池、林祜光、唐荣禧、罗会坦、吕瑞廷、韩安、王文泰、黄岐春、章鸿钊、李嘉瑗、陆安、黄立猷、黄公迈、孙葆琦、刘先；干事员、文牍：曹文渊、黄以仁、周威廉；庶务：路孝植、叶基桢、邓振瀛；会计：汪扬宝、陈训昶。其中，曹文渊为水产司长，韩安、黄立猷、黄公迈等人亦为部中职员[109]。

● 1913年（民国二年）

1月6日，农林部委派农务司司长陶昌善等三十余人为筹办员，筹办全国农会联合会开会事宜，10日，筹办会员会议决定分为文牍股、审查股、庶务股、会计股等5股筹办会议事项，韩安为文牍股股员[110]。

2月15日，韩安《世界各国国有森林大势（译）》刊载于《农林公报》1913年第2卷第3期19～27页。

2月30日，韩安《世界各国国有森林大势（译）》刊载于《农林公报》1913年第2卷第4期1～5页。

3月15日，韩安《世界各国国有森林大势（译）》刊载于《农林公报》1913年第2卷第4期25～32页。

11月26日，据农林部令第102号、139号，农林部吉林林务局移设哈尔滨，改名东三省林务局，撤裁哈尔滨林务局并入东三省林务局，委韩安为东三省林务局主任。

11月29日，吉林省接到农林部电，将吉林、哈尔滨两林务局合并，定名为东三省林务局，移设哈尔滨，委韩安为东三省林务局主任[111]。

---

[108] 吉林省地方志编纂委员会编纂. 吉林省志（卷17 林业志）[M]. 长春：吉林人民出版社1994, 728-729.
[109] 杨瑞. 政治、实业与农学新知：民国农业农学社团的源流与活动[J]. 暨南学报，2012, 34(9)：12-20.
[110] 李永芳著. 近代中国农会研究[M]. 北京：社会科学文献出版社，2008.
[111] 邵士杰主编. 吉林省大事记 1912-1931（辛亥革命至"九一八"事变）[M]. 长春：吉林省档案馆，1988.

12月22日及次年1月8日，奉大总统教令公布《修正农商部官制》、《农商部分科规则》，规定农商部直隶于大总统，管理农林、水产、牧畜、工业、商业、矿务等事项。

12月27日，农林部、工商部合并成立农商部，张謇任总长。张謇签署农商部第1号令：本部于本月二十七日成立，以农林部原有公署为本部公署。韩安以"中央与地方权责未分，所需设备、人员与经费皆无，难有成就"等原因，请调回北京，在农林、工商两部合并后的农商部继续任佥事，兼全国林务处会办，任职至1918年。

● 1914年（民国三年）

3月，农商部应菲律宾林务局之邀，派韩安前往菲律宾考察，历时3个月，撰写调查报告，对菲律宾政府各部及所属局的组织与职责范围叙述甚详。

是年，韩安在金邦平次长领导下参与《狩猎法》和《森林法》的起草拟定，分别经北京政府9月1日、11月颁布施行，这是首次制定颁布这两个重要的林业法规。

9月1日，《中华民国狩猎法》颁布施行。《狩猎法》共14条，对捕猎的武器，要经过当地警察官署核准，才能使用。为了保卫环境卫生和人民的安危禁止使用剧毒炸药和陷阱捕猎鸟兽。对受保护的鸟兽一律禁止狩猎（经批准供学术研究等在外），并不许在禁山、历代陵寝、公园、公道、寺观庙宇境内以及群众集聚之地捕狩鸟兽。还规定每年自10月1日起，至第二年3月底为狩猎时间，如有特别情况，需要延长时间，经批准方可，但最迟不得超过4月30日，否则，狩猎者要受到惩罚，以保障鸟兽的繁殖期不受影响。为了减少捕获鸟兽产生纠纷，规定被捕鸟兽串入他人所有园地或栅栏内，要得到所有者同意，不得任意追捕。对违犯法律者，分别给予罚款处分。

11月，《中华民国森林法》颁布施行，《森林法》共6章32条。

是年，韩安与张裕征结婚。

● 1915年（民国四年）

3月，韩安《菲律宾林务调查报告书》在《农商公报》1915年第2卷2期6～10页刊载。

4月，周自齐任农商总长。

4月，安徽第一甲种农校校长金邦正与农商部林务顾问、菲律宾林务局长 W. F. 畲佛西（Sherfesse）前往南京，会同金陵大学林科教授 Jh. 芮思娄（Reisner）、J. 裴义理（Bailie）及韩安调查安徽山林概况，后在调查报告中建议政府劝告无地人民承领官荒山地造林，并划沿江淮两岸及本省境内津浦铁路两旁为造林区域，建设苗圃育苗，以低价或无偿分给人民自植。所造之林即为承领人所有，自行保护。

6月30日，《森林法实施细则》和《造林奖励条例》颁布实施。《森林法实施细则》共20条。对国有森林、保安森林、公有或私有森林事宜，及关于奖励监督各项，均分别加以规定。为森林法的法律条文制订出实施细则，落实到具体的造林承包人。《造林奖励条例》共11条，提倡和鼓励个人承包荒山造林。奖励条例明确规定了凡造林成活满五年以上，造林面积达二百亩以上者，授予四等奖章；四百亩以上者，三等奖章；七百亩以上者，二等奖章；一千亩以上者，一等奖章；造林面积达三千亩以上者，由农商部呈请大总统授予特别奖。凡经营特种林业，于国际贸易有重大关系者，或在造船、筑路等各种大工程中被使用者，农商部认为有必要补助时，则按其面积和株数发给奖金。

7月，北京政府定清明节为植树节，并于当日举办植树典礼。

7月，韩安《菲律宾林务调查报告书》在《农商公报》1915年第2卷4期11～14页继续刊载。

7月31日，农商总长周自齐代表农商部呈《拟定清明为植树节请以申令宣示全国俾资遵守文》，设定每年的清明为植树节，并获大总统批准，由1916年清明开始实行。农商部总长周自齐采纳韩安、凌道扬、裴义理等人的意见，认为"欧美各邦，植树有节，推行全国，成效维昭"，乃报经大总统批准，于同年7月申令定每年清明节为植树节。每年在这天举行植树典礼，倡导植树造林。

8月7日，《申报》刊登农商部《以清明为植树节之原委》，详细介绍了中国植树节的由来。

● 1916年（民国五年）

1月15日，农商部成立林务处，次长金邦平兼任督办。农商部成立林务处，专管全国森林事务。其法就各省行政区域划作林区，各设林务专员一人，复于处下分设二科，执掌林务行政及林业技术，由该部次长金邦平兼任督办，金事韩安、顾问畲佛西任会办，一切以发明林学、保商兴利为宗旨[112]。

3月22日，袁世凯取消帝制，废除"洪宪"年号，仍称大总统。一个月后，段祺瑞组阁成员金邦平被任命为农商总长。6月6日，金邦平上任44天，袁世凯过世，金邦平当天提交辞呈。

4月6日，正值清明节，在北京西山马金顶举行了中国第一个植树节庆典，同时要求全国各级地方政府机关学校都要在植树节时广泛开展植树造林，这项活动每年照例举行，持续多年。

6月，韩安《农商部林务处半年来事务报告》刊于《农商公报》1916年26期1～5页。

7月，谷钟秀任北洋政府农商总长，8月4日，农商总长谷钟秀莅部就职。

10月17日，农商部以林务处近于骈枝机关，予以裁撤，另于部里设置林务研究所，农林司第一科科长黄艺锡任林务研究所主席。

是年，韩安任农商部林务处会办时，提出"中国树木种类极繁，泰西各国派植物专家前来研究采集者，年不乏人，中国提倡林业，亟宜将诸树木择其要者，辨别种类，审定名实"。他授命林务处调查科科长波尔登，"选择中国造林树种百余种，将其性质、土宜、用途等详加研究，逐一绘图立说，汇集成书。"美国著名植物学家威尔逊自19世纪末起先后数次来华，在中国西部进行大规模采集植物标本活动，韩安聘请他为植物学顾问。在波尔登及比利时植物学家赫尔斯协助下，威尔逊着手编纂《中国植物志》，后因林务处裁撤，韩安离开农商部，威尔逊将所采集的标本及其记载携回美国，写成著名的《威尔逊植物志》（其中中国部分3卷），而留在农商部的另一份标本，后竟丧失无遗。赫尔斯也写了《陇海沿线树产目录》一书出版，都得力于韩安的积极支持。

● 1917年（民国六年）

1月30日，由陈嵘、王舜臣、过探先、唐昌治、陆水范等发起组织成立中华农学会，并在上海江苏教育会召开成立大会，宗旨是"研究学术，图农业之发挥；普及知识，求农事之改进"，大会公推张謇为名誉会长，陈嵘被选为第一任

---

[112] 中华民国史事纪要编辑委员会.中华民国史事纪要[M].南京:南京大学中华民国史研究中心出版刊印，1992，73.

会长,韩安为会员。

2月12日,在上海成立中华森林会。金陵大学林科主任凌道扬发起组织成立中华森林会,得到了江苏省第一农业学校林科主任陈嵘及林学界其他人士金邦正、叶雅各布布等的支持,宗旨是"本着集合同志,共谋中国森林学术及事业之发达",凌道扬任理事长,韩安为会员。

3月,清华学校编《游美同学录》199页刊《韩安》:韩安,字竹平,年三十五岁。生于安徽巢县。已婚。女一。永久通信处:南京金陵大学转交。初毕业于南京汇文书院,得学士学位,任该校教员。光緒三十三年,以官费游美。入康奈尔大学,习普通文科。宣统元年,得学士学位。入米西根大学,习林科。宣统三年,得硕士学位。入威斯康心大学,习农业。民国元年,回国,任农林部佥事。民国三年,改农商部佥事,历兼农林编译处主任,农林公报总编辑,吉林林务局主任,农商部林务处会办。现时住址:北京西城临清宫十四号。

3月,清华学校编《游美同学录》199页刊《韩安夫人》:韩安夫人,母氏张。名裕征。女一。光緒三十三年。自费游美,入韦尔斯学校,习普通文科。宣统三年,得学士学位。入哥仑比亚大学,习教育及社会学。民国元年,回国。现时住址:北京西城临清宫十四号。

3月6日,上海《申报》10版刊登《中华森林会记事》:森林利益关系国计民生至为重大。兹由唐少川、张季直、梁任公、聂云台、韩紫石、石量才、朱保山、王正廷、余日章、陆伯鸿、杨信之、韩竹平、朱少屏、凌道扬诸君,发起一中华森林会于上海,以结合同志、振兴森林为宗旨,以提倡造林保林三事为任务,于本年一月十六日假座英马大路外滩惠中西饭店、于二月十二日假座上海青年会食堂先后开会两次,筹商一切办法。各发起人有亲自到会,有委托代表到会者,每次开会均推唐少川君为主席。第一次筹商各事最要者为领山营造森林模范问题,第二次筹商最要者为本年造林计划及通过草章,并举定凌道扬、朱少屏、聂云台三君为干事云[113]。

是年夏,冀鲁等省连降暴雨,河水泛滥,京汉、京奉、津浦、京绥诸铁路纷纷告急。全国水利局会同交通部、农商部、京兆尹共商护堤护路措施。作为农商部佥事的韩安,主张营造水源林以护堤保路。经共同研商决定,协同办理北京地

---

[113] 华森林会记事[N].申报,1917-03-06(10).

区各河流上游营造水源林，并选定密云县北的山谷一段为来年防水造林之起点，另在沿铁路及各河堤广造森林，固堤防坍。

6月29日，李盛铎署理北洋政府农商总长。

7月17日，张国淦任北洋政府农商总长。

9月，金邦正任北京农业专门学校校长。

10月，中华职教社《教育与职业》第一期刊布的永久特别社员录（729名）：韩安为特别社员。

12月1日，田文烈任北洋政府农商总长。

● 1918年（民国七年）

是年春，交通部成立京汉铁路管理局造林事务所。韩安于1918年接受交通部任命，调充京汉铁路局造林事务所所长，兴办铁路沿线育苗造林[114]，并担任了李家寨林场的场长。韩安在办公院门撰对联一副："科学精神，把事当事；民主精神，把人当人。"韩安在此与冯玉祥将军结为深交，以后多次合作共事。京汉铁路管理局总务处下设林务专员处，管辖新店林场、李家寨林场、黄土坡林场和黄河北岸植木场。

2月，韩安《造林防水意见书》刊于《农商公报》1918年第4卷第7期1～13页。《造林防水意见书》中写到："治河之事，不求根本之方，维听主工者各自为政，不相统辖，头痛医头，脚痛医脚，修堤也，塞口也，枝枝节节，岁岁不休，河堤愈高，宣泄无由，故终不免于溃决也。"他阐述水灾消长之原理，列举森林可增加雨水之树冠截量及其蒸发量、入土量，减轻雨水之冲击力，减少流水之挟沙力，延长冰雪溶解之时期。断言只有广植森林，才是预防水患之根本要图。他针对酿成北京水患的5条大河，主张首先对挟沙最多、为患最烈的永定、子牙两河，进行造林防沙治理。并提出："畿辅乃国家首善之区，防水为民生利害所系，尤宜积极为天下倡。所望当今之执政者，悯洪水泛滥之创痍，定十年树木之至计，毅然提倡，决然施行，将来京畿一带，佳木葱茏，河海清澄，国家人民同臻利福。区区之愚，不胜大愿。"

8月30日，韩安（Nang Han）入选《密勒氏评论报·中国名人录》[115]。

---

[114] 平汉铁路工务处. 平汉铁路工务纪要[M]. 汉口：平汉铁路工务处印制，1934.
[115] 马学强，王海良主编. 密勒氏评论报·中国名人录汇总[M]. 上海：上海书店，2015，952.

韩 安 年 谱

11月7日，农商部、交通部林务员英国波尔登先生病逝。威廉·波尔登（William Purdom），1880年4月生于英格兰，1909年来到中国，1915年被农商部聘为襄林政，1918年被交通部聘为客卿林务员，与韩安一起到河南信阳李家寨共同创建鸡公山铁路林场，1921年11月7日病逝，葬于西便门英人坟地，享年42岁[116]。

12月6日，农商部呈准《森林局章程》，在吉林和黑龙江两省设置森林局，为地方林务机关，设局长、副局长各一人，技师若干人，并得分科办事。

● **1919年（民国八年）**

11月，韩安当选为中美协进社社员，通讯地址为河南黄山坡车站京汉造林事务所（现河南省驻马店市确山县黄山坡车站）[117]。

12月，在中华林学会二届一次理事会上，韩安被选为中华林学会筹募基金委员会委员。

● **1920年（民国九年）**

12月，第十六混成旅冯玉祥驻军信阳。他看到韩安经营的铁路苗圃中苗木茁壮葱茏，赞不绝口。与韩安见面交谈中，方知两人既谊属安徽巢县同乡又同庚，而且又同是贫苦出身，同是基督教徒，都目睹过清廷腐败、军阀混战、江山破碎、生灵涂炭的惨景，促使他们成为忧国忧民、向往革命的知音，从而结下了深厚的友谊。韩安向冯玉祥多次陈述森林的重要作用，冯玉祥亲率所属部队在鸡公山一带进行植树造林。韩安则提供大量苗木，并给予技术指导，开中国近代兵工造林之先河。

● **1922年（民国十一年）**

5月，冯玉祥调任河南督军，聘请韩安为顾问，参与实业建设政务。

10月，冯玉祥任陆军检阅使，驻军北京南苑，调韩安前往协助该军进行兵工造林活动，冯也因此被后人誉为"植树将军"，林界传为佳话。

11月，韩安曾应北京农业专门学校校长金邦正之邀，任教务主任兼森林系主任。

---

[116] 姜传高主编.鸡公山志[M].郑州：河南人民出版社，1987，103-105.
[117] 熊希龄，周秋光编著.熊希龄集（下册）[M].长沙：湖南人民出版社，2008，1454.

1923 年（民国十二年）

2月1日，安徽省教育厅组织实施新学制讨论会，除在本省教育会、省立学校联合会、教育厅聘请代表外，还特聘陶行知、黄炎培、陈宝泉、邹秉文、廖世承、陆步青、孙洪芬、王星拱、张贻侗、高一涵、刘熙燕、李寅恭、韩安诸人[118]。

2月15日，国立东南大学农科《农学》第1卷第1期出版，《农学》分组编辑，森林学组为：韩安、李寅恭、金邦正、陈宗一、凌道扬、宋廷模（后改名宋时杰）、林鉴英、叶雅谷、陈焕镛、傅焕光。

3月，北京农业专门学校改名为国立北京农业大学，韩安任教务主任、森林系主任。

5月，河南省政府主席冯玉祥兼任西北边防督办。

10月，韩安《中国森林事业经过之概况（江光壁记）》在《东大农学》1923年第1卷第3期1～3页刊登。

1924 年（民国十三年）

7月15日，东南大学农科《农学杂志》1924年第2卷第1期133页刊登《江苏教实联合会农业委员会各组名单》，森林组：主任 韩安 交通部京汉铁路林务专员；副主任 傅焕光 东南大学农科暨江苏省昆虫局总编辑；委员 姚传法 北京农业大学森林系主任，陈焕镛 东南大学森林学教授，宋廷模 省立第一造林场场长，陈养材 省教育团共有林技师，唐迪先 省立造林场技师，陈嵘 前省立第一农校林科主任，林鉴英 省立第一农校林科教员，洛德美 金陵大学森林教授。《江苏省提倡造林计划》刊于28～45页。

12月，裁撤陆军检阅使，西北边防督办冯玉祥，任命韩安为察哈尔特别区实业厅厅长兼垦务总办[119]。

1925 年（民国十四年）

9月，京汉林场举办植树奖励，发给获奖者奖章，奖章正面为"京汉林场职工 纪念章 民国十四年九月"，背面为"绥远实业厅长韩安赠"紫铜章。

---

[118] 王文岭撰. 陶行知年谱长编 [M]. 成都：四川教育出版社，2012.
[119] 罗元铮. 中华民国实录（第5卷上）[M]. 长春：吉林人民出版社，1997，4460-4462.

韩 安 年 谱

● 1926 年（民国十五年）

1 月，任命韩安为绥远特别区实业厅厅长兼垦务总办。

1 月，冯玉祥的"国民军"遭到奉系和直系军阀的联合进攻，韩安作为翻译随冯玉祥取道库伦（今蒙古乌兰巴托）前往苏联考察两月，后冯派韩安经由海参崴前往广州与国民党联系出兵北伐，事毕返居上海作为西北军与苏联住沪领事馆的联络员。

4 月 15 日，《绥远实业厅厅长韩安演说词》在国立东南大学农科编辑出版的《农学·绥远农垦专刊》1926 年第 3 卷第 1 期 7 页刊登。

6 月，韩安加入中国国民党。

● 1927 年（民国十六年）

5 月 10 日，南开大学张伯苓回韩安的信函：竹坪先生赐鉴：暌教许久，时切神驰。比维德望日隆，为颂无量。兹敬启者：敞大学文科毕业生汪丰，皖省婺源人，少年老成，具有才干，苓知之最深。今因其学成，有意致用，特为介绍往谒，想先生爱才有素，又值庶政改新之际，对此新学青年自必相需甚殷。该生到时，幸祈特别关照，即予匀一位置，俯赐收录。至所感盼。祗颂 钧安 弟张伯苓 苓上 十六年五月十日 [120]

6 月，绥远特别区实业厅厅长韩安离任，傅焕光继任 [121]。

6 月下旬，冯玉祥派李鸣钟为驻宁总代表兼军事代表，韩竹坪为政治代表，毛以亨为财政代表 [122]。

7 月 25 日，南京政府任命蒋作宾、周雍能、张秋白、李宗仁、刘复、何世桢、李因、冯玉祥、柏文蔚、陈调元、王普、王天培、马祥斌、韩安、管鹏为安徽省政府委员 [123]。

10 月 21 日，南京国民党政府议决改组安徽省政府，同日任命陈调元、柏文

---

[120] 梁吉生，张兰普编著.张伯苓私档全宗（上）[M].北京：中国档案出版社，2009，0172.

[121] 内蒙古自治区文史研究所编.《史料忆述——内蒙古文史丛书第一辑》[M].呼和浩特：内蒙古自治区文史研究所，1986，10-11.

[122] 中国社会科学院近代史研究所中华民国史研究室著.中华民国史资料丛稿[M].北京：中华书局，1975，145.

[123] 安徽省历史大事记：民国时期(1924~1929 年)[EB/OL].[2016-12-03]. http://lishi.zhuixue.net/2016/1203/51227.html.

蔚、张秋白、何世桢、韩安、汤志先、雷啸岑、陈中孚、宁坤为省府委员，以陈调元为主席。

10月，韩安任安徽省政府委员兼省会安庆市市长。

● **1928年（民国十七年）**

3月2日，国民党政府明令改组安徽省政府，任陈调元、柏文蔚、吴忠信、刘复、余谊密、韩安、胡春霖、汤志先、孙棨、张鼎勋、李应生为安徽省政府委员，指定陈调元为主席，刘复、余谊密、韩安、胡春霖分兼民政、财政、教育、建设各厅厅长。韩安将安徽省农学院改名为劳农学院，以示劳动伟大光荣。

3月31日，国民党中央执行委员会发出任命各省市党务指导委员名单通告，其中安徽省党务指导委员为金维系、韩安、王星拱等7人，4月10日在南京宣誓就职。

5月，安徽省教育厅长韩安训令县政府转饬各校学生不得罢课、游行、检查商货（指日货）。

5月，蔡元培在南京主持召开第一次全国教育会议，《第一次全国教育会议提案形成相关政策文件明细》（教育行政组）：（17）请大学院筹设中央图书馆案，由韩安提出，决议案通过[124]。

5月2日，安徽大学筹备委员会举行第八次全体会议。这是安徽大学筹建史上一次重要的会议。在韩安宣读完省政府关于安大经费预算的答复函后，随即进入安大办学筹备的核心程序，最终形成4个具有标志性意义的决议，一是确定先办文学院、农学院，其余法、工学院，须延聘专门人才，分别积极筹备，等第二年秋季再办；二是决议文学院筹备主任暂设二人，公推刘文典、汤志先充任；三是决议公推吴承宗为工学院筹备主任；四是公推汤志先兼任法学院筹备主任。

5月18日，由姚传法与凌道扬、陈嵘、李寅恭等发起恢复林学会，并推姚传法、韩安、皮作琼、康瀚、黄希周、傅焕光、陈嵘、李寅恭、陈植、林刚等10人为筹备委员。

8月4日，中华林学会在金陵大学农林科召开成立大会，通过了会章，推选姚传法为理事长，会址设在南京保泰街12号。

---

[124] 于潇著. 社会变革中的教育应对：民国时期全国教育会议研究[M]. 杭州：浙江大学出版社，2015，235.

9月初，安徽大学确定由韩安出任农学院筹备主任。

9月15日，韩安《移兵殖边刍议》在国立中央大学农学院编辑出版的《农学杂志》1928年第3号第125～131页刊登。

11月21日，中国国民党中央执行委员会政治委员会讨论行政院各部会组织法草案时，曾讨论到林业主管机构问题。此次会议中，孙科主张原本农矿部的组织过去轻视林业，认为要农林矿三者俱应并重。王正廷更直接指出："森林在我国实为要政，不宜于农务司下轻描淡写一句也，北方之陕甘之间，原为华北之一大出产地，近据外人调查报告，则预测数百年后将成沙漠，其原因则为林政之失理也"，因此认为要进一步重视森林[125]。

● 1929年（民国十八年）

1月，国民党中央政治会议改组安徽省政府，安徽省政府委员程天放兼教育厅长。

8月2日，韩安转任山东省青岛特别市政府参事。

12月，在中华林学会二届一次理事会上，韩安被选为筹募基金委员会委员。

● 1930年（民国十九年）

3月24日，青岛特别市政府参事韩安、陆铨向市府提出议案，阐述了劳工教育的重要性，市府当局逐渐重视。市政府第35次市政会议通过了提案，并令社会局从速实施[126]。

6月21日，参事韩安兼任青岛特别市政府教育局局长，9月24日辞职[127]。

9月，韩安辞职赴汉口，受聘为平汉铁路局顾问，参与和筹划铁路局农林事务。

● 1931年（民国二十年）

是年，韩安任豫鄂皖边区绥靖督办公署参议兼宣传处处长，办公地点在武汉。

---

[125] 侯嘉星. 1930年代国民政府的造林事业：以华北平原为个案研究[M]. 台北：国史馆，2011，42.
[126] 贺培东. 青岛社会教育研究（1929—1937）[M]. 青岛大学硕士论文，2010.
[127] 张玉法. 民国山东通志（第一册）[M]. 济南：山东文献杂志社，2002，451-452.

10月，农事试验场经行政院批准改名为中央农业实验所，12月24日实业部宣布正式成立，该所设技术、事务两部。技术部内分植物生产、动物生产和农业经济3个科，科下设系。植物生产科下设农艺、森林、植物病虫害、土壤肥料4个系。

1932年

1月，中央农业实验所森林系正式成立，地址在南京市秣陵路，林刚为技正（至1937年）。

1933年

是年，韩安任平汉铁路局林务处顾问兼林场主任。

1月，中国科学社编《中国科学社社员分股名录》88页记载：韩安为中国科学社社员[128]。

10月4日，国民政府成立全国经济委员会，在西安设置西北办事处。

1934年

2月9日，国民政府全国经济委员会西北办事处在西安成立[129]，韩安任全国经济委员会西北办事处技正，之后1935年任全国经济委员会西北办事处专员、业务主任，负责办理西北水利、卫生、公路、合作社、农贷等经济业务。在此期间，他积极任用国内外著名的科技专家，主持建成泾惠、洛惠、湄惠、渭惠等水利工程；建成西安至兰州、汉中、广元、天水等公路。

1935年

7月30日，国民政府裁撤全国经济委员会西北办事处。

11月，《中华农学会会员录》刊行，韩安任中华农学会事业扩充委员会委员。

1936年

8月25日，陕西省林务局副局长、德藉林学家芬次尔逝世，韩安被派兼任

---

[128] 中国科学社编. 中国科学社社员分股名录[M]. 南京：中国科学社刊印，1933，88.
[129] 孔庆泰等编著. 国民党政府政治制度史词典[M]. 合肥：安徽教育出版社，2000.

遗缺。

10月10日，中国水利工程学会第六届年会在陕西西安举行，到会会员63人。扬子江水利委员会、全国经济委员会、导淮委员会、黄河水利委员会等各机关代表及交通、新闻各界人士与会，陕西省政府主席邵力子和杨虎城将军担任年会名誉委员，年会由李仪祉致开幕词，他号召当此国势颠危的时候，水利界人士应相互勉励，担负起救国救民的重任。开幕式上，邵力子致欢迎词，陕西建设厅雷宝华、张学良将军的代表王维新、全国经济委员会西北办事处主任韩竹坪发表讲话[130]。

● 1937年

3月8日，中华农学会留陕会员韩安覆函中华农学会报告西安事变经过并致谢。

7月1日，韩安《写在发刊前》刊于《陕西林业》1947年第1期1页，同期韩安《自力更生》刊于5～6页。

7月15日，韩安《自力更生》(续)刊于《陕西林业》1947年第2期1～2页。

8月1日，韩安《自力更生》(续)刊于《陕西林业》1947年第3期1～3页。

8月15日，韩安《自力更生》(续)刊于《陕西林业》1947年第4期3～5页。

是年夏，抗日战争爆发，国共合作抗日，林务局技术科科长乐天宇曾伴韩安同往西安七贤庄八路军办事处，与林伯渠等老一辈革命家接触交谈，并酝酿过在陕北解放区设立林务分局[131]。

9月1日，韩安《肥料》刊于《陕西林业》1947年第5期1～2页。

9月15日，韩安《各县林务员之责任》刊于《陕西林业》1947年第6期1～2页。

10月1日，韩安《我们对于章则应有的认识》刊于《陕西林业》1947年第7期27～28页。

10月15日，韩安《向上心与互动力》刊于《陕西林业》1947年第8期1～3页，同期韩安《大型种子越冬储藏办法》刊于18页。

11月1日，韩安《公园》刊于《陕西林业》1947年第9期1～3页。

---

[130] 中国水利学会. 中国水利学会成立五十五周年纪念专集[M]. 北京：水利电力出版社，1986，17-18.
[131] 乐天宇. 我对林老在西安的回忆，中共临澧县委编. 怀念林伯渠[M]. 长沙：湖南人民出版社，1986，228-230.

1938 年

2月15日，中央农业实验所西迁重庆。

8月，韩安完成《黄龙山森林考查报告》，共33页，现藏陕西省档案馆，未见刊印[132]。

10月，全国经济委员会西北办事处结束，陕西省林务局与陕西棉产改进所、第一果园等机构合并成立陕西省农业改进所，隶属省建设厅，原省林务局所管事宜均移交省农业改进所，所长由省建设厅厅长雷宝华兼任。韩安任陕西省林务局副局长期间，多次派员赴秦岭、黄龙山等林区调查森林分布状况，并采集大量树木标本及木材标本。

10月，韩安离陕入川，受任四川省建设厅生产计划委员会农业组主任委员。

1940 年

4月8日，四川省生产计划委员会成立，韩安任四川省建设厅生产计划委员会农业组主任委员[133]。

10月，韩安《全国林务计划进行之商榷》刊于《农业推广通讯》1940年第5期9~12页。

11月8日，《竺可桢日记》记载：胡肖堂函荐英文教员张裕征（韩竹坪夫人）。

1941 年

2月，在重庆召开中华林学会第五届理事会，姚传法为第五届理事会理事长，梁希、凌道扬、李顺卿、朱惠方、姚传法为常务理事，傅焕光、康瀚、白荫元、郑万钧、程复新、程跻云、李德毅、林祜光、李寅恭、唐耀、皮作琼、张楚宝为理事。韩安被选为监事、基金保管委员会委员、政策研究委员会委员，同时又被选为中华林学会成都分会理事。

7月12日，中央林业实验所正式成立于重庆歌乐山，隶属国民政府农林部，韩安在冯玉祥、钱天鹤等举荐下被任命为所长，原中央农业实验所森林系同时并入。下设造林研究组（组长郭小冬）、林产利用组（组长王战）、调查推广组（组长高野樵）。其主要职责：研究改进全国国防林、经济林、保安林、风景林及其

---

[132] 韩安. 黄龙山森林考查报告，陕西省档案馆，94-1-217.
[133] 四川省地方志编纂委员会编. 四川省志 综合管理志（上）[M]. 北京：方志出版社，2000，4-5.

主副林产；推广林业研究所得之技术及优良种苗；调查研究林业经济；研究森林主副产品；研究设计森林保护与水土保持；培训林业技术人员。韩安在担任中央林业实验所所长期间，曾先后派员调查大巴山及兴山森林、神农架原始林区、缙云山寺庙林，并通讯调查四川各县主要林木分布情况。[134]

1943 年

7 月，中央林业实验所新址落成，并举办成立二周年纪念典礼，李寅恭、梁希等前往歌乐山祝贺。

10 月，韩安《造林与生产教育》刊于《林学》1943 年 10 期 15 ~ 19 页。

10 月，韩安《二年来之中央林业实验所工作概况》刊于《农业推广通讯》1943 年第 7 期 40 ~ 44 页。

是年，韩安与邹树文、钱天鹤、凌道扬、邹秉文等前任金大教授及校友 20 余人为金陵大学农学院成立 30 周年联名呈请教育部嘉奖令。

1946 年

4 月，抗战胜利后，中央林业实验所于 1946 年迁到南京，离开重庆中林所时，韩安题写"中林峰"摩崖石刻，长 160 cm，宽 100 cm，石刻文字为：中华民国卅五年四月 中林峰 农林部中央林业实验所所长韩安题。韩安先生题写"中林峰"，意欲大家努力攀登中华林业科技之高峰[135]。在歌乐山保有路 139 号韩安在重庆的住所被称为"韩安公馆"尚存，土木结构平房，亦极为简朴。

12 月 24 日，韩安就中央林业实验所与静生生物调查所合作编纂《中国森林植物图志》致信胡先骕。步曾吾兄惠鉴：拜读十一月十七日大教，只悉一一。承示万县水杉及樱桃等，均为中国森林中最佳之木材，嘱为惠寄标本等语，此项标木及种子本所正在搜集中，至拟合刊《中国森林植物图志》事，已由唐进先生初拟草案，兹连同鄙意，一并送上，请予审核见示。兹将意见列后：一、十年可算是长时间，以国事人事之变动，有无缩短可能；二、如将年限决定后，能否将年限平分两节，并将森林树种分作两类，即主要与次要者。然后提高将主要者在第

---

[134] 林志晟. 农林部中央林业实验所的设置与发展（1940-1949）[M]. 台北：国立政治大学历史学系出版，2011.

[135] 王希群. 摩崖石刻"中林峰"[N]. 中国绿色时报，2010-3-3(4).

一段年限内出版，次要者在第二段年限内出版。如十年长期，分作一个五年专编主要树类，第二个五年专编次要树类。三、自卅六年起，每年应印出树类量数，印书本数，约需经费若干，各方应如何分认，统请早日列出，以便呈部备案，列入预算。四、其余草案八条内各项细则，应如何修正及上列各项如何酌择？统祈卓裁示复。冬祺 弟韩安 拜复 卅五年十二月十四日[136]。

是年，中林所迁到南京，几经周折，始由"总理陵园管理委员会"租借钟山北麓山地千亩，作为所址；同时接收南京附近的汤山、栖霞山、东流、牛首山、东善桥、龙王山诸林场，作为育苗造林、林业推广实验基地。重庆歌乐山旧所址改建为西南工作站。又将北平的原华北造林署造林会改为该所华北林业试验场，任命江福利为场长。中林所的建制亦逐年扩大，由原来的 3 个组扩大为造林研究、木材工艺、林产制造、水土保持、林业经济、林业推广和森林副产等 7 个系，分别由程路云、陈桂升（代）、张楚宝、傅焕光（兼）、王战、葛晓东、孙醒东任系主任。傅焕光任副所长。

1947 年

1947 年 1 月，中林所开办水土保持训练班，3 月下旬结业后，成立了水土保持田间工作队，派任承统、朱莲青、沈梓培分别担任华北、华中、华南 3 个工作队队长。另派员会同祁普乐博士在黄泛区进行调查并筹办防沙林场。韩安还与联合国善后救济总署林业顾问、木材工业组组长、澳洲籍林业专家蓝卓支多次洽谈抗日战争胜利后中国林业恢复建设问题。

2 月，农林部中央林业实验所所长韩安与静生生物调查所所长胡先骕在南京就合作出版《中国森林植物图志》签署协议。

4 月，青年党与国民党、民社党共同签订《国民政府改组后施政方针》，组成所谓三党联合政府，左舜生出任国民政府政务委员兼农林部长。

10 月 10 日，中央林业实验所《林业通讯》创刊，左舜生题写刊名。韩安《林业之重要性》刊于《林业通讯》1947 第 1 期（创刊号）2 页。

11 月，韩安等在南京代表中华林学会参加 17 个农业界各专门学会联合年会筹委会，担任常委，并作为主席团成员自始至终参加抗日战争胜利后农林界这一

---

[136] 胡宗刚著. 静生生物调查所史稿[M]. 济南：山东教育出版社，2005，199.

最盛大的学会活动。这也是自1917年他与农、林学会结缘30年来最后一次参加的活动。

11月10日，韩安《有加利树（附言）》刊于《林业通讯》1947第2期3～4页。

• 1948年

1月，《林业通讯》(13期)报道："本所鉴于中国幅员广袤，地跨寒、温、热三带，森林植物种类繁芜，其中有国计民生者甚多，惜无一整个系统之图籍，可供生产利用之依据。本所特与静生生物调查所几度磋商，合作编纂《中国森林植物图志》。自本年度起，预定10年内全部完成，因应国内林业界之需要，前5年出版主要森林树木，后5年出版次要森林树木，实为中国空前之巨著。现正编印第一卷，包括桦木科及山毛榉科10属，计图136幅，说明150页，明春即可出版。"

是年春，国民政府行政院处理美国救济物资委员会一次性拨款28亿多元（金圆券），给中林所举办工赈造林（当年全所经费每月只有5 500万元"金圆券"，只及这项拨款的1／50），从3月7日起至4月6日止共雇用民工600余人，造林720万多株，这是韩安主持办理的最后一次植树造林活动。

5月，中央林业试验所在南京紫金山北麓樱驼村新址落成，开始迁入办公[137]。

5月8日，中国水杉保存委员会在南京成立，翁文灏为会长，杭立武为副会长，李德毅为秘书，韩安为保存组组长，郑万钧为繁殖组组长，胡先骕为研究组组长。司徒雷登、胡适为名誉会长。会址设在中央博物院（今南京博物院）内。

7月，《中华农学会报》188期51～52页刊登《中央访问林业试验所》一文。

7月，中央林业试验所成立7周年，共有人员114人，附属人员68人，技术人员43人，李寅恭教授题词祝贺。

8月，胡先骕著《中国森林植物图志》第2卷，由农林部中央农林试验所与静生生物调查所联合出版。

11月12日，金陵大学在大礼堂举办《金陵大学60周年纪念典礼》，韩竹坪校友代表校友会致辞[138]。

---

[137] 林志晟.农林部中央林业实验所的设置与发展（1940-1949）[M].台北：国立政治大学历史学系出版，2011.

[138] 南大百年实录编辑组编.南大百年实录（中卷）[M].南京：南京大学出版社，2002，84.

1949 年

1月，韩安辞中央农林试验所所长职，被任命为农林部顾问，改由傅焕光任所长，同年韩安举家迁往西安。

是年，韩安任中国红十字会南京分会理事[139]。

1950 年

1月19日，中央人民政府委员会批准，在原陕甘宁边区政府的基础上成立西北军政委员会。设农林部，管理西北五省林务。

4月，西北军政委员会农林部成立，惠中权任农林部部长，韩安任西北军政委员会工程师。

8月，西北军政委员会农林部编印《林业法规》。

1951 年

5月，西北军政委员会农林部编《怎样种树》，由西北人民出版社出版。

10月，西北军政委员会农林部编《怎样育苗》，由西北人民出版社出版。

1953 年

1月27日，根据中央人民政府《关于改变大行政区人民政府（军政委员会）机构与任务的决定》，西北行政委员会成立，西北军政委员会随即撤销，大区撤销后韩安退职，从事翻译工作。

3月，韩安开始翻译牛津大学第4版的达尔文所著《物种起源》一书，同年12月译完全书，曾得到钱崇树、乐天宇等人的赞助，将清稿于1954年寄到上海永祥出版社待刊，后因周建人也翻译了此书即将出版，韩安的译文遂未获问世。所译全书除正文14章外，他还将原书第6版中所载的《出版前物种起源思想简史》和增加的第7章《自然选择学说的各种反驳》，以及第6版各章增订的段落对照译出，以见达尔文思想变化的梗概。

10月，西北军政委员会农林部编《怎样育苗造林》，由西北人民出版社出版。

---

[139] 池子华. 红十字运动：历史回顾与现实关怀[M]. 合肥：合肥工业大出版社，2015.

韩　安　年　谱

- **1955 年**

　　是年，韩安翻译赫胥黎著《达尔文传略》，译文有两万多字（不包括注释），曾由《达尔文主义遗传选种学教研通讯》铅印出版抽印本。此外，他还与上海复旦大学谈家桢教授合译过美国学者达波古斯（杜布赞斯基，T.Dobzhansky）所著的《遗传学与物种起源》。

- **1956 年**

　　是年，韩安迁居青岛，1956 年 4 月被增选为中国人民政治协商会议第一届山东省委员会委员。

- **1959 年**

　　是年春，韩安移居北京休养。

- **1961 年**

　　1 月 31 日，韩安病逝于北京，享年 78 岁。韩安署名发表涉及林业、教育论文及报告《调查皖省林况报告》、《菲律宾林务调查报告书》、《黄龙山森林考查报告》等 30 余篇（部）。

- **1988 年**

　　5 月，国务院批准成立河南省鸡公山国家级自然保护区及河南省鸡公山国家级自然保护区管理局。波尔登森林公园位于保护区李家寨试验区内，因英国林学家波尔登与我国林学家韩安先生、冯玉祥将军于 1918 年在此创建林场而得名，公园内建有韩安纪念馆。

- **1989 年**

　　9 月，张楚宝《林界耆宿韩安生平大事纪年》刊于中国林学会林业史学会编辑的《林史文集》(第 1 辑)，由中国林业出版社出版[140]。

　　9 月，中国林业人名词典编辑委员会《中国林业人名词典》(中国林业出版

---

[140] 张楚宝. 林界耆宿韩安生平大事纪年, 中国林学会林业史学会编, 林史文集（第 1 辑）[M]. 北京：中国林业出版社，1989，117-120.

社出版）中著录的韩安生平[141]：韩安（1882—1961年），林学家，安徽巢县人，字竹坪。1907年赴美国留学，1911年获美国密歇根大学林学硕士学位，并到威斯康星大学农科学习1年，1912年回国。曾任北洋政府农商部佥事，东三省林务总局局长，农商部林务处会办，京汉铁路造林事务所所长，北京农业专门学校教务主任，国民党政府绥远特别区实业厅厅长，安徽省安庆市市长，安徽省经济委员会专门委员，陕西省林务局副局长，中央林业实验所所长，农林部顾问。建国后，任西北军政委员会农林部顾问，曾协助冯玉祥将军进行兵工造林，担任技术指导，撰有《世界各国国有林大势》、《中国森林事业经过之概括》等论文。

● 1991年

1月，由中国科学技术协会编、中国科学技术出版社出版的《中国科学技术专家传略》（农学编·林业卷）刊登张楚宝撰写的韩安传略《中国近代林业的开拓者——韩安》：韩安，著名林学家，中国近代林业开拓者之一。他是中国出国留学生中第一个林业硕士学位的获得者，也是中国最早的一位林学家出身的政府官员；他最早向国人介绍世界各国林业概况，建议国家规定了中国第一个植树节，并率先创办铁路沿线育苗造林、兵工造林事业。主持创建中国第一个林业科研机构——中央林业实验所。他重视林业科研教育、森林资源调查、树木定名修志，培养了大量林业人才，为中国近代林业建设作出了重要贡献。

● 2005年

12月1日，由刘国铭主编的《中国国民党百年人物全书（下册）》2 261页刊登韩安生平。原文为：韩安 Han An（1885—？），字竹坪，安徽巢县（今巢湖）人。生于1885年（清光绪十一年），毕业于南京金陵大学，后美国留学，获密切根大学林科硕士学位，后赴威斯康星大学从事农科研究。1912年回国后，历任北京政府农商部佥事，东三省林务总局局长，京汉铁路造林事务所所长，国立北京农科大学教务主任，绥远省实业厅厅长。1927年7月25日任安徽省政府委员兼安庆市市长。1928年3月2日兼安徽省教育厅厅长。1929年任青岛市政府参事兼山东省政府顾问，1930年去职。1941年6月到职，1942年1月6日任国民

---

[141] 中国林业人名词典编辑委员会.中国林业人名词典[M].北京：中国林业出版社，1990，303-304.

政府农林部中央林业实验所所长[142]。

● 2006 年

9月，韩安纪念馆建成。纪念馆属于波尔登森林公园的一部分，位于河南省信阳市鸡公山国家级自然保护区李家寨试验区内，公园因英国林学家波尔登与我国林学家韩安先生、冯玉祥将军于1918年在此创建林场而得名，2004年开始建设，2006年9月底正式对外开放。韩安座右铭"科学精神，把事当事；民主精神，把人当人"悬挂于鸡公山韩安旧居门口。

● 2009 年

8月2日，《安庆晚报》刊登张健初《韩安：安庆历史上第一任市长》一文[143]。

● 2012 年

1月6日，在韩安去世50周年之际，青岛市博物馆原副馆长、著名藏书家王桂云先生撰写8千余字长文《曾任青岛市教育局长的林学家韩安》纪念韩安先生。文章的开头是这样写的：今年正是林学家韩安离开人世50周年，1929年，他曾任山东省青岛市政府参事、青岛市教育局局长。仍关注林业事业，时常利用工余时间到崂山做林业考察，对政府陈述森林的重要作用，提过许多发展林业的建言。由他倡创的"植树节"到来时，不忘带领学生参加植树活动。中国最早的一位林学家出身的政府官员韩安于1883年1月17日出生，1961年1月31日谢世。他是中国著名林学家，中国近现代林业事业的奠基人之一，中国出国留学生中第一个林学硕士学位的获得者。韩安从事林业事业50余年，并长期担任领导职务，为人气度宽宏，用人兼收并容，没有门户偏见，自书一联："科学精神，把事当事；民主精神，把人当人"，以此作为座右铭。他最早向国人介绍世界各国林业概况，建议国家规定了中国第一个植树节，并率先创办铁路沿线育苗造林、兵工造林事业。主持创建中国第一个林业科研机构——中央林业实验所。他重视林业科研教育、森林资源调查、树木定名修志，培养了大量林业人才，为中国近代林业建设作出了重要贡献。

---

[142] 刘国铭.中国国民党百年人物全书（下）[M].北京：团结出版社，2005，2261.
[143] 张健初.韩安：安庆历史上第一任市长[N].安庆晚报，2009-8-2（A9）.

李寅恭年谱

李寅恭（自1936年6月13日《人生周报》）

李 寅 恭 年 谱

● 1884 年（清光绪十年）

是年，李寅恭（Y. K. Lee, K. J. Lee, Y. K. Li, Li Yin-gong, Li Yin-kung）生于安徽省合肥县，寅恭为次子，其兄为寅宾。李寅恭父李世鸿（1842—1895年），字海珊，安徽合肥人，1858 年投笔从戎，英勇善战。1894 年甲午战争爆发，李世鸿奉命援旅顺，新募"福"字军两营，由李世鸿统领。李寅恭母亲张夫人（约清咸丰初年—1901 年），是李寅恭夫人张绍南的姑母。李寅恭年少时在江苏宿迁县钟吾书院读书[144]。

● 1895 年（清光绪二十一年）

1 月 10 日，李世鸿甲午战争中带领福字营为国牺牲。是年李寅恭 10 岁，其父牺牲后失学，就寄食于翰林蒯光典（字礼卿，号季述，又自号金粟道人、斤竹山民）门下，由蒯光典亲自培养。

● 1908 年（清光绪三十四年）

是年春，《清史稿（卷 452 列传 239）》载：光绪 34 年，端方则商之于张之洞，联章奏请派光典为苏鄂欧洲留学生监督。学部任以欧洲留学生监督。光绪三十四年（1908 年），携全家赴伦敦就职。戊戌变法期间，清政府选派一批留学生去欧洲学习西方先进的科学技术，蒯光典被清王朝任命为欧洲留学生监督，他让李寅恭随其到英国伦敦，做留学生监督处公务。与李寅恭一起到英国留学的还有章士钊、杨昌济等[145]。

● 1909 年（清宣统元年）

是年冬，蒯光典和李寅恭回国。蒯光典到伦敦一年后因病乞归，学部嘱其便道考察欧洲诸国教育制度。蒯光典遂以诸子女留英读书，于是年五月由北欧经西伯利亚回国。途径莫斯科，留数日，造访托尔斯泰，颇为相契，谈论教育与公共卫生等，均以为此乃救中国之良策。回京于召见时亦以此说向摄政王进之。蒯光典奉旨以四品京堂候补，随即，学部奏留在本部丞参上行走兼京师督学局局长。

---

[144] 李继书，戴红. 我所熟悉的梁希先生 [J]. 中国统一战线，2014（3）：73-75.
[145] 陈友良著. 民初留英学人的思想世界：从《甲寅》到《太平洋》的政论研究 [M]. 北京：社会科学文献出版社 2013, 50.

因离乡久，未到任便请假回江宁。

• 1910 年（清宣统二年）

是年，由刘梧冈、程滨遗创办私立安徽高等农业学堂[146]。

• 1912 年（民国元年）

1 月 19 日，根据南京临时政府教育部颁布的《普通教育暂行办法》，有关各学堂改称学校的规定，安徽高等农业学堂易名为安徽省立第一甲种农业学校（校址安庆）。

3 月 9 日，临时大总统孙中山签署任林祐光为实业部农政司签事的委任状。

10 月，李寅恭《投函：敬告柏都督及各省行政厅》在《独立周报》1912 年 10 期刊登。

• 1914 年（民国三年）

是年，安徽省立第一甲种农业学校招收林业预科。

是年，李寅恭和夫人李张绍南通过在英国伦敦大学帝国科学技术学院学习的王星拱联系，自费到阿伯丁大学（University of Aberdeen）攻读农林专业（Agroforestry）本科课程。阿伯丁大学成立于 1495 年，自 1914 年开始授予林业学位。在英国期间，李寅恭、李张绍南夫妇由王星拱推荐，与北大文科学长陈独秀取得联系，陈独秀请李寅恭夫妇给《新青年》写一些介绍西方科技、新思想的文章，他们欣然答应并积极撰稿，成为《新青年》的重要作者。李寅恭的夫人李张绍南（Li Zhang Shaonan），也曾留学英国。她在《新青年》上发表文章有《哀青年》《余之病院中经验》《夏克通探南极记》等，介绍西方农林、医疗方面的先进科学知识、新思想，唤醒青年觉悟，被誉为"中国女童子军首创者"和"赴英勤工俭学留学之先导成功者"。李张绍南女士还是新文化运动中的第一批中国女性翻译家，为中国早期女性翻译事业做出极其重要的贡献，另外还撰有《先姑事略》[147]。

11 月 10 日，李寅恭《白种人之救国热》刊于《甲寅杂志》1914 年 1 卷 4 号

---

[146] 刘海涛，周川. 安徽近代高等教育发展的特点及启示 [J]. 大学教育科学，2016 (2)：92-98.
[147] 沈燕. 20 世纪初中国女性小说作家研究 [D]. 上海师范大学，2004，156-158.

（通信）40 ~ 41 页。

● 1915 年（民国四年）

是年初，金邦正接任安徽省立第一甲种农业学校校长，学校正式设置森林科，专事林业教育，此乃安徽林业教育之开端。

● 1916 年（民国五年）

5 月，李寅恭《英国森林之现状》刊于《科学》1916 年第 2 卷 5 期 930 ~ 935 页。

9 月 15 日—10 月 1 日，李寅恭《千年松》在《旅欧杂志》1916 年 3、4 期刊登。《旅欧杂志》（半月刊）1916 年 7 月创刊，在法国都尔出版。

10 月，李寅恭《街林》刊于《科学》1916 年 2 卷 10 期 1143 ~ 1147 页。

10 月，李寅恭《道旁栽树之利益》刊于《农商公报》1916 年 3 卷 20 期 15 ~ 17 页。

12 月，《科学》刊登《本年入社新社员举名》，凌道扬、李寅恭、陈嵘加入中国科学社[148]。

● 1917 年（民国六年）

是年，李寅恭经王星拱的介绍与陈独秀神交，并给《新青年》供稿。李寅恭在《新青年》上发表有《Our Outlook》(第 3 卷第 4 号)、《比利时之森林》(第 3 卷第 5 号)、《说竹》(第 3 卷第 6 号)，向国人介绍海外农林方面的情况[149]。

1 月 15 日，李寅恭《无森林之中国》在《旅欧杂志》1917 年 11 期刊登。

1 月 30 日，由陈嵘、王舜臣、过探先、唐昌冶、陆水范等发起并于上海教育会堂成立中华农学会，推举张謇为名誉会长，陈嵘任中华农学会第一届会长兼总干事长，李寅恭是初期的中华农学会会员之一。

2 月 1 日至 15 日，李寅恭《华茶受排挤事末》在《旅欧杂志》1917 年 12、13 期刊登。

2 月，李寅恭《千年松之历史》在《东方杂志》1917 年第 14 卷第 2 号上刊登。

2 月 12 日，在上海成立中华森林会，李寅恭是会员之一。

6 月 1 日，李寅恭《吾人求学之方针》在《新青年》1917 年第 3 卷第 4 号上刊登。

---

[148] 樊洪业.《科学》杂志与中国科学社史事汇要（1914-1918）[J]. 科学, 2005 (4)：37-41.
[149] 张皖生.《新青年》中安庆籍作者群 [N]. 安庆晚报, 2015-9-19.

6月1日，李寅恭《Our Outlook》、李张绍南的《余之病院中经验》在《新青年》1917年第3卷第4号上刊登。

7月1日，《陈独秀答李寅恭》：协丞先生足下：欧洲良法美俗，足资吾国社会改良者，不少。足下倘有日记或札记载此等事，录赐本志，则裨益读者匪浅也。吾国有子弟不能教，有土地不能耕。为人类全体计，以大好河山，安插此辈游民，使他种勤俭多能者迫于衣食，岂得谓平。审是则人之谋我，何足异哉。国事方纷如乱丝，足下可再留欧数年。此时回国，无一事可做。国民毫无自觉自动之意识，政界有力者与在野之旧党相结合，方以尊孔教复帝制复八股为志，视欧洲文明及留学生如蛇蝎。于是风行草偃，即受教育之青年学生，亦多鄙薄欧化，以孔道国粹自矜，谓此足以善群治国。社会思潮，与百年前闭关时代无或稍异。如此国家，如此民族，谓能生存于二十世纪进化日新之世界，谁其信之。足下愤慨林政之不兴，然犹其一端，而非其全体非其本根也。率复，不尽欲言[150]。

7月1日，李寅恭《比利时之森林》在《新青年》1917年第3卷第5号上刊登。

7月15日，李寅恭《论今日教育之趋势》在《太平洋》1917年第1卷第5号第1～4页刊登。

8月1日，李寅恭《说竹》、李张绍南《夏克通探南极记》在《新青年》1917年第3卷第6号上刊登。

9月，上海商务印书馆《农学杂志》1917年第1卷第1期出刊。

10月，中华职教社《教育与职业》第一期刊布的永久特别社员录（729名）：李寅恭为普通社员。

10月15日，李寅恭、皮宗石、陈源、杨冕《通讯·剑桥大学图书馆》在《太平洋》1917年第1卷第7号14～15页刊登。

11月1日，李寅恭《竹》在《旅欧杂志》1917年25期刊登。

11月15日，李寅恭《通讯·英国女子教育及其生活》在《太平洋》1917年第1卷第8号第11页刊登。

是年，李寅恭、皮皓白、陈源和杨端六4人造访英国著名的汉学家解尔斯先生（晚清时曾任英国驻华领事），他们了解到解氏所在的剑桥大学图书馆里收藏的中国典籍至为丰富，而他有意将这些典籍陆续整理出版，并翻译成英文，无奈

---

[150] 陈独秀著. 我们断然有救[M]. 北京：东方出版社，1998，299.

个人资金有限，无法独立承担，希望中国政府能提供资金方面的帮助[151]。

● 1918 年（民国七年）

是年初，李寅恭毕业于英国阿伯丁大学农林科，之后在剑桥大学林学院（Forest School of University of Cambridge）做林业技师约两年。剑桥大学林学院1907年建立，1919年获学位授予权，1932年停办。

2月，李寅恭《森林与农业之关系》在1918年《科学》第4卷第1期43～47页刊出。

2月，李寅恭《森林教育问题》在1918年《科学》第4卷第2期159～163刊登。

3月，李寅恭《说苗圃》在上海商务印书馆《农学杂志》1918年第2卷第2期1～7页（总585～591页）刊出，同期李寅恭《猎禽伐木无度之中国》在8～9页（总593～594页）刊出。

10月，李寅恭《废田栽树之利益》在《教育与职业》1918年9期7～10页刊登。

● 1919 年（民国八年）

1月，李寅恭《华关椿槐之特色》在《科学》1919年第4卷第1期492～493页刊登。

3月，李寅恭《英国渔业之调查》在《农学杂志》1919年第3卷第1期1～6页（总137～144页）刊出。

8月，李寅恭《森林在战时之作用》在《科学》1919年第4卷第8期798～801页刊登。

秋季，李寅恭《马来半岛农业之状况》在《农学杂志》1919年第3卷第2期1～6页（总395～400页）刊出。

10月，设江苏省教育团公有林第二林场，第一区在南京附近之汤山，第二区设于句容县武岐山。

11月，李寅恭《英领印度森林法规（译）》在《太平洋》1920年第2卷第8期9～21页刊登。

---

[151] 陈友良. 留英学生与五四新文化运动 [J]. 安徽史学, 2006 (11)：45-52.

是年末，李寅恭、李张绍南夫妇回国。李寅恭历任设在安庆的安徽省立第一甲种农业学校林科主任、设在芜湖的安徽省第二农业学校校长、安徽《实验杂志》编辑所所长。张绍南女士在上海明智女校正式组织女童军团，并聘张维桢女士负责训练[152]。

● 1920年（民国九年）

5月，李寅恭《试种树交之商榷》在《科学》1920年第5卷第5期刊登。

8月，李寅恭《中日林业之对观》在《科学》1920年第5卷8期832～841页刊登。

8月，李寅恭《安庆无公园之缺点》在《中华农学会报》1920年第9期1～4页刊登，同期，李寅恭《早春栽树之劝告》在6～11页刊登。

8月，李寅恭《视察皖教育公有林之报告》在《安徽实业杂志》1920年8期1～3页刊登。

10月14日，张继煦到安庆就任新教育厅厅长。张厅长在派任省立学校及各市县主要学校的校长时，多用德高望重的进步的教育前辈、海外归国留学生及国内著名大学毕业的高材生，年轻有为的李寅恭被任命为安徽省立女子职业学校校长。在安庆期间，李寅恭夫妇除教学之余，积极从事宣传、推动新文化运动。据《胡适日记》记载，李寅恭夫妇积极参加反对安徽军阀的皖事革新活动，改革安徽教育等爱国民主斗争[153]。

11月，李寅恭《芜湖农校对于救荒之宣言》在《中华农学会报》1920年第2卷第2号95～96页刊登。

12月，成立国立东南大学，民国16年（1927年）改称国立第四中山大学，将江苏省立第一农业学校并入第四中山大学农学院，农学院移设于原农校地址。此时系改为科，而森林仅为组，只有教授一人。民国17年，改第四中山大学为江苏大学，同年5月又改为国立中央大学，全院下辖8科，森林科至民国18年才独立成科（系），民国19年将科恢复为系，改8科为6系，即农艺、园艺、蚕桑、森林、农业经济和畜牧兽医学系。

---

[152]徐伟民，方晓珍著.古城安庆与中国近代化[M].合肥：合肥工业大学出版社，2011，243-244.
[153]张皖生.林业科学家李寅恭[N].安庆晚报，2015-11-14（A9）.

● 1921年（民国十年）

1月，邹秉文《读诸先生农业教育意见书后》在《教育与职业》1921年1期刊出，其中写到：李寅恭先生所谓我国妄采他国制度，杂而不精，及专尚学理，轻视实习，几是到处一致，实为无进步之原因等[154]。

2月，李寅恭任安徽省教育公有林技师、总董。

4月，李寅恭《关于商业补习教育研究会事件》在《教育与职业》1921年第4号35～38页刊登。

6月，李寅恭《虫菌相互之关系》在《中华农学会报》1921年2卷8号103～108页刊登。

7月，李寅恭《说鸟及其在农林上之利害》在《中华农学会报》1921年2卷9号18～23页刊登。

8月，李寅恭《农业教育》在《中华农学会报》1921年2卷10号83～87页刊登。

8月，李寅恭《职业教育消息》在《教育与职业》1921年第8号65～68页刊登。

8月2日，下午1时，胡适、洪范五一行乘船到安庆，蔡晓、孙养等人在安庆码头迎候。饭毕，胡适一行在蔡晓舟、李寅恭等人陪同下，先到安徽省立第一中学参加茶话会，并略谈安庆学界情形。8月3日至6日，胡适先后在省立一中、省立一师进行多场宣传新文化运动的演讲。适在日记中写道："晚间到李寅恭（协丞）先生家吃饭，同座者，刘式庵、刘海屏，及协丞夫人张绍南女士。在安庆的西洋留学生止有这（几）个人……"[155]。

● 1922年（民国十一年）

1月31日，李寅恭《安徽省立女子职业学校计画书（1921年）》刊于1922年《教育与职业》32期。

10月，李寅恭《答中华职业教育社农业教育研究会书》在《中华农学会报》1922年13期205～206页刊登。

12月，李寅恭《林政撷要》在《安徽实业杂志》1922年2卷11期8～12页，12期1～7页，第3卷1期1～11页刊登。

12月，李寅恭《我国农村协济贸易之需要》在《中华农学会报》1922年35

---

[154] 邹秉文.读诸先生农业教育意见书后 [J].教育与职业，1921（01）：29-31.
[155] 张皖生.胡适在省立一师的讲演 [N].安庆日报（下午版），2004-10-15.

期 16～20 页刊登。

• 1923 年（民国十二年）

1月，全国体育界知名人士到南京会聚，华中区的代表最后商定，由湖北、安徽、湖南、江西4个省份作为华中区，开始实施各项计划。

2月1日，安徽省教育厅组织实施新学制讨论会，除在本省教育会、省立学校联合会、教育厅聘请代表外，还特聘陶行知、黄炎培、陈宝泉、邹秉文、廖世承、陆步青、孙洪芬、王星拱、张贻侗、高一涵、刘熙燕、李寅恭、韩安诸人[156]。

2月15日，国立东南大学农科《农学》第1卷第1期出版，《农学》分组赞助编辑员森林学组为：韩安、李寅恭、金邦正、陈宗一、凌道扬、宋廷模（后改名宋时杰）、林鉴英、叶雅谷、陈焕镛、傅焕光。

3月，四省份代表在武昌成立了华中体育联合会。会上推举湖北的陈时、湖南的方克刚、江西的王熙寿、安徽的李寅恭为执行委员，并决定同年5月在武昌举行第1届华中运动会，以后在各省轮流举行，运动会的经费由承办省份负责筹集[157]。

4月，江苏省教育实业联合会第二届大会决定设立职业教育委员会，推举廖世承、李寅恭、杨鄂联为委员。

• 1926 年（民国十五年）

7月，中央安庆特支书记兼安庆团地委书记杨兆成从安徽省立第一师范学校后期班毕业，被聘为该校附属小学教务主任，不久被捕。安徽教育界知名人士光升、沈子修、阮仲勉、李寅恭等人四出奔走营救[158]。

• 1927 年（民国十六年）

2月，《农学专刊》更名为《农学杂志》，一年出4期，并刊印研究论著的专刊、特刊，由李寅恭任总编辑，江国仁为助理编辑[159]。

---

[156] 王文岭撰.陶行知年谱长编[M].成都：四川教育出版社，2012.
[157] 崔乐泉总主编.中国体育通史（第三卷）[M].北京：人民体育出版社，2008：302-307.
[158] 中国人民政治协商会议安徽省委员会文史资料研究委员会.安徽文史资料选辑（第4辑 纪念中国共产党成立六十周年专辑）[M].合肥：安徽省委员会文史资料研究委员会，1982.
[159]《南京农业大学发展史》编委会.南京农业大学发展史·历史卷[M].北京：中国农业出版社，2012，58.

4月18日，南京国民政府宣告成立。

6月9日，改东南大学为第四中山大学。将东大农科改为农学院，分设农作物、园艺、畜牧、蚕桑、农产制造等5门及森林、农艺化学、农业工程、昆虫、植物等5组。李寅恭应聘任森林组讲师。

7月，李寅恭任第四中山大学农学院森林组主任、讲师。

● 1928年（民国十七年）

2月，第四中山大学更名为江苏大学；5月，又改名为国立中央大学，四牌楼本部设有文学院、理学院、法学院、工学院和教育学院；丁家桥分部设有医学院和农学院。森林组改称森林科，凌道扬受聘到森林科任教，并与张福延（张海秋）先后主持科务，李寅恭任国立中央大学农学院森林科副教授。

3月15日，江苏大学农学院《农学杂志》创刊，第1号出版，李寅恭任总编辑，蔡无忌撰写《江苏大学农学院农学杂志发刊词》。李寅恭《风景树之修枝要诀》在1928年第1号137～142页刊登。同期，李寅恭《农家住宅问题》在143～153页刊登。

5月，蔡元培在南京主持召开第一次全国教育会议，《第一次全国教育会议提案形成相关政策文件明细》职业教育组（32件）：（17）请设立林业教育委员会研究林业教育之设施案，由姚传法、李寅恭等提出，决议案通过；（18）请设中央林产研究所案，由吴承洛、姚传法等提出，决议案通过[160]。

5月11日，以姚传法、凌道扬、陈嵘、李寅恭、黄希周为首的十余名专家、学者，在南京集会，筹备恢复我国林学会组织。

5月18日，由姚传法与凌道扬、陈嵘、李寅恭等发起恢复林学会，并推姚传法、韩安、皮作琼、康瀚、黄希周、傅焕光、陈嵘、李寅恭、陈植、林刚等10人为筹备委员，起草中华林学会章程。在第三次筹备会上，讨论通过中华林学会会章草案。

6月15日，李寅恭《述 Arbor Day》在1928年国立中央大学农学院《农学杂志》1928年第2号107～110页刊登。

7月22日，第四次筹备会议决定8月24日在南京金陵大学举行成立大会，

---

[160] 于潇著.社会变革中的教育应对民国时期全国教育会议研究[M].杭州：浙江大学出版社，2015，231.

一致通过中华林学会会章。

8月4日，在金陵大学农林科召开成立大会，通过了会章，推选姚传法为理事长，陈嵘、凌道扬、梁希、黄希周、陈雪尘、陈植、邵均、康瀚、吴恒如、李寅恭、姚传法等11人为理事，会员89人，理事会下设总务、林学、林业3个部，李寅恭任林业部主任，会址设在南京保泰街12号。

8月4日，《南洋日报》刊登《中大教育林委员会议纪》：中央大学区教育林委员会于十一日晚八时开会，出席会议者吕冕南、张佐时、李寅恭、顾克彬、程柏卢、蔡无忌（徐迁代）、过探先、傅焕光等，由俞庆棠主席、孙枋记录、报告事项[161]。

9月10日，《国立中央大学农学院旬刊》创刊，出版第一期，蔡无忌致《发刊词》。李寅恭《林区讲学建议》在1928年1期3~5页刊登。

9月15日，李寅恭《林区讲学建议》在国立中央大学农学院编辑出版的《农学杂志》1928年第3号143~146页刊登。

9月16日，江苏省召开第一次理事会议，研究决定向农矿部设计委员会及江苏省农政会议提出全国划分林区，成立江苏省林务局，黄希周任江苏省林务局局长（林务局设在镇江）。

11月20日，李寅恭《天然林之抚育法》在《国立中央大学农学院旬刊》1928年第8期1~4页刊登。

12月15日，林祐光、李寅恭《中山陵园造林设计草案》在中央大学农学院《农学杂志》1928年第4号149~152页刊登，同期，李寅恭《为志愿学农者进一解》在167~172页刊登。

12月，李寅恭《虫菌讯轮》在中央大学农学院《农学杂志》1928年第5、6号219~230页刊登。

是年，李寅恭《农业教育》在《中华农学会报》1928年21期83~87页刊登。

● 1929年（民国十八年）

1月，李寅恭《种园》、《街树》（国立中央大学农学院丛刊之四、之七）由国立中央大学农学院印行。

1月20日，李寅恭《论公墓之办法》在《国立中央大学农学院旬刊》1929

---

[161] 中大教育林委员会议纪[N]. 南洋日报，1928-8-4（16）.

年第 14 期 7 ~ 10 页刊登。

3 月，农矿部与建设委员会合设中央模范林区委员会，该林区委员会管辖区域为南京近郊，六合、江宁、句容 3 县，其下辖林场有：汤山林场（含钟汤苗圃，民国 20 年改为钟汤林场）、牛首山林场、龙王山林场、银凤山林场和小九华林场。

3 月，李寅恭《天然林之抚育法》（国立中央大学农学院丛刊之六）由国立中央大学农学院印行。

3 月 10 日，李寅恭《为志愿学农者进一解》在《国立中央大学农学院旬刊》1929 年第 16 期 1 ~ 4 页刊登。

4 月，李寅恭《虫菌讯轮》（国立中央大学农学院丛刊之十八）由国立中央大学农学院印行。

4 月 10 日，《国立中央大学农学院旬刊》1929 年第 19 期 7 页《本院樱花展览志略》刊登李寅恭《樱花》两首："白门小住又春残，此届樱花已惯看，款客不妨携纸墨，好留新咏重诗坛"和"农圃云阴傍晓晴，奇葩带雨各争荣，香车宝马如流水，软绿光中笑语声"。

4 月 20 日，《国立中央大学农学院旬刊》1929 年第 20 期 7 页刊登《采集森林标本》：本月之四日清晨本院森林组学生多人由该组李寅恭主任偕赴南汤山教育林采集并察看春栽春播及山林工作情形至天暮始返。

4 月 30 日，《国立中央大学农学院旬刊》1929 年第 21 期 8 页刊登李寅恭诗 1 首《甲子除夕寄怀庶为辛北京》。

5 月 7 日，过探先生灵柩安葬在朝阳门（今中山门）外汤山南麓，由中山陵园主任傅焕光、林场场长李寅恭与家属共同勘察，并由上述单位募款树立纪念碑。

8 月，江苏省教育团公有林改隶江苏省教育厅领导，并改名为江苏教育林，李寅恭任江苏教育林场长[162]。

9 月，农矿部组织设计委员会在南京召开林政会议，李寅恭作为设计委员与陈嵘、凌道扬、傅焕光等 49 人出席了会议。李寅恭提出，既要对民众广泛宣传发展林业的重要性，也要依法治林，奖励民众造林，注意保护及抚育天然林；为

---

[162] 南京市老山林场志编纂委员会编. 南京市老山林场志[M]. 南京：南京市老山林场刊印，2002，13.

了发展林业，应大力培养林业专门人才，建议政府对全国林科学生免费入学，将有关植树保林的知识编入小学教科书中；将林业工作的好坏作为考核地方行政官员主要政绩的依据之一等。

9月20日，李寅恭诗1首《夏假在皖赋答友人赠诗》在《国立中央大学农学院旬刊》1929年第29期7~10页刊登。

10月，李寅恭《风景树之修枝要诀》、《农家住宅问题》（国立中央大学农学院丛刊之一、之二）由国立中央大学农学院再版。

10月10日，李寅恭《混农林业谈》在《国立中央大学农学院旬刊》1929年第34期2~3页刊登。

10月20日，李寅恭诗1首《戊辰春偶感藉送抚五》在《国立中央大学农学院旬刊》1929年第32期10页刊登。

11月，李寅恭《混农林业》在《教育与民众》1929年第4期2~3页刊登。

12月1日，国立中央大学农学院编辑《农学杂志》（第五六合号，特刊第三号农政号）出刊，李寅恭任总编辑。

12月20日，《国立中央大学农学院旬刊》1929年第38期11页载：本月7日，森林科森林学会成立大会举行，成立的宗旨为研究学术，提倡森林，乃谋森林科之发展，森林科主任凌道扬先生参会并致训词。

● 1930年（民国十九年）

是年，李寅恭任中央大学农学院森林系教授兼系主任。

1月10日，李寅恭诗1首《元旦》在《国立中央大学农学院旬刊》1930年第40期15页刊登。

2月，李寅恭《各地园林建设问题》刊于《林学》1930年2期7~13页。

3月，国民党南京特别市党部、市政府、中央大学农学院，金陵大学农学院，会同内政、教育、铁道部及首都建设委员会成立首都造林运动临时委员会，并制定造林运动宣传周办法大纲7条及实施细则。

3月，中央大学农学院安徽同学会改组为安徽农学会，推定尹良莹、何庆云、熊同和、韦启先、杨逸农为筹备委员。5月5日上午9时，成立大会在中央大学农学院大礼堂举行，来自中央大学、金陵大学农学院及京内外农业机关等处会员约数十人参加，通过会章，选举职员，李寅恭、谢家声、唐仰虞为评议员，李寅恭为评议部主席，尹良莹、何庆云、张家政、杨逸农、张锦云、杨任农、管琛、张继先、谢家声为干事部干事。此会提出从农业教育入手，振兴安徽农业，故会章规定，"本互助精神，集合同志以研究农业学理，发展安徽农学教育及振兴安徽农业"，确定四项会务：编辑方面，审定农学名词、译著农学丛书、刊行定期杂志；调查方面，调查安徽农业教育及农业状况，以研究促进而改良之；研究方面，创设农学研究室、农学图书馆；交际方面，联络省内外农业人才及各农业学术等机关[163]。

3月10日，李寅恭《为营造风景林者告》在《国立中央大学农学院旬刊》1930年第43期1～4页刊登。

4月10日，李寅恭《混牧林》在《中央大学农学院旬刊》1930年46期1～4页刊登。《混农林业》和《混牧林》开创了我国复合农林业研究的先河。

5月20日，李寅恭《造林运动在于国民毅力》在《国立中央大学农学院旬刊》1930年第53期1～3页刊登。

7月7日，李寅恭致信斠玄先生。斠玄先生着席：刻想院务理毕，将次返京寓，因日日风雨，不获走碣，殊怅殊怅！前荷惠书，内有一"番老文字高古，（原伯鲁子）触目皆是"之语，惟"原伯鲁子"四字出处未能查得，顾公仍详以见识为叩。上次书中所谈姚君公书一节，此君颇有文学基础，刻中大文学院系主任或教授颇有未确定续聘者，是以助教更心摇摇如悬旌。倘尊处闻四方有需要是项人才者，仍乞注意，曷胜拜祷！草上，另日诣簿，祗候 研安！教小弟李寅恭再拜七月七日灯右[164]。陈中凡（1888—1982年），原名钟凡，字斠玄，号觉无，江苏建湖人，一代鸿儒，中国古典文学家。

11月20日，江苏省教育林刊物共15册刊行，包括李寅恭《风景林之修枝要诀》（之三）、《天然林之抚育法》（之六）、《为营造风景林者告》（之七）、《混牧林》（之十）、《混农林》（之十一）5册。

12月13日，朱家骅到校就任国立中央大学校长，12月20日在中大体育馆举行就职仪式。学校行政组织变更，将科恢复为系，改农学院8科为6系，即农艺、园艺、蚕桑、森林、农业经济和畜牧兽医学系，邹秉文仍任中央大学农学院院长，李寅恭任农学院森林系教授兼系主任。

---

[163] 杨瑞.政治、实业与农学新知：民国农业农学社团的源流与活动[J].暨南学报，2012，34(9)：12-20.
[164] 吴新雷、姚柯夫等编纂.清晖山馆友声集[M].南京：江苏古籍出版社，2001，211.

1931年（民国二十年）

2月4日，竺可桢致谢李寅恭赠送树苗[165]。

3月，南京成立首都造林运动委员会并举行孙中山逝世6周年纪念植树式造林运动宣传周，时任农矿部部长易培基兼任首都造林运动委员会主席，李寅恭被邀担任委员，并被约请在广播电台播讲，演讲的题目是《林业前途之一无基础观》，宣传植树造林的重要意义。

3月12日，《国立中央大学农学院旬刊》1931年第68期出版《造林运动特号》，刊登《造林的先决问题》、《重要树种造林法》、《谈谈苗圃管理和造林》、《德国之林业锐进史》、《造林与民生》全文。

3月，李寅恭《森林相辅学科之一束》在《中华农学会报》1931年86卷1~4页刊登。

4月，李寅恭《林业前途之一无基础观》在《中华农学会报》1931年87卷43~46页刊登。同期，李寅恭《造林运动在于国民毅力》在47~50页刊登。

5月5日，根据《安徽农学会第一届职员表》，李寅恭担任安徽农学会评议部评议员、主席。

5月，李寅恭《德国之林业锐进史》在《中华农学会报》1931年88卷1~6页刊登。

8月1日，《安徽农学会报》创刊。凌道扬为《安徽农学会报创刊号》（第1号）题词：安徽农学会报创刊纪念 粤为皖国、楚之分地。江淮浃畅，息壤黄金。古称农桑，富国强兵。时代演进，科学昌明。研精剔髓，萃我髦英。革新启古，允锡帮人。凌道扬敬题。李寅恭《弁言》刊于《安徽农学会报（创刊号）》第1号。同期李寅恭《德国之林业锐进史》在70~75页刊登。

12月1日，李寅恭《初期林政设施之建议》在《安徽农学会报》1931年第1卷第2号69~71页刊登。同期，李寅恭《为教育林苏留人书》在102~105页刊登。

是年，《江苏教育林十九年报告书》（1册）完成。

---

[165] 竺可桢著.竺可桢全集（第22卷）[M].上海：上海科技教育出版社，2012.，325.

1932 年（民国二十一年）

2月，马大浦从中央大学农学院森林系毕业，被当时兼任江苏省教育林总场（今南京老山林场）场长李寅恭教授派到该林场当技务员，兼第一分场第一区主任。

5月5日，根据《安徽农学会第二届职员表》，李寅恭担任安徽农学会评议部评议员、主席。

8月，李寅恭《初期林政设施之建议》在《中华农学会报》1932年103期1~3页刊登。

9月，李寅恭《森林与水利》在《中华农学会报》1932年104期17~21页刊登。

是年，李寅恭辞去兼任的江苏省教育林场场长职务。

是年，李寅宾、李寅恭辑《清甲午中东之役战殁李将军（世鸿）传志汇编附张夫人事略一卷》。

1933 年（民国二十二年）

1月，李寅恭《废地营林之大利说》在1933年《林务》第3卷3期1~3页刊登。

3月，李寅恭《吾人对于林业进展之热望》在1933年《林务》第3卷5期1~4页刊登。文中提到林业的效用：（1）影响民主科学化；（2）促进乡村实业；（3）形成卫生的都会；（4）增进江山的壮丽；（5）有掩护要塞之效能；（6）为储蓄国家之大利；（7）农产永获增多。

4月，李寅恭《废地营林之大利说》在《中华农学会报》1933年第111期1~5页刊登。

5月，马洗繁、顾毂宜、倪尚达、郑厚怀、常导直、金秉时、李寅恭等7名教授被推举为中央大学招生委员会委员[166]。

5月5日，南京国民政府成立的农村复兴委员会自创立伊始，就成为由政府主导的总领全国农村建设的大本营，并在各地设立分会，形成全国规模的统一的农业建设机构。

5月，李寅恭《吾人对于林业进展之热望》在《中华农学会报》1933年第112期1~6页刊登。

---

[166] 牛力著.罗家伦与国立中央大学[M].南京：南京大学出版社，2015，125.

6月，李寅恭《对于西北发展林牧之建议》在《科学的中国》1933年第1卷第11期刊登。

8月，李寅恭《对于西北发展林牧之拟议》在《中华农学会报》1933年第115期1～6页刊登。

10月，李寅恭《首都缺乏自然科学之方面观》在《中华农学会报》1933年第117期9～12页刊登。

● 1934年（民国二十三年）

是年，李寅恭任中央大学农学院森林系主任。

3月，李寅恭《农村复兴中林业问题》在《农业周报》1934年3期181～184页刊登。

4月，由国民党元老许世英发起，邀集皖籍同仁张治中、徐静仁与安徽省政府主席刘镇华等，筹备成立黄山建设委员会，是年4月安徽黄山建设委员会成立，11月安徽黄山建设委员会推许世英为主任常务委员，李寅恭为黄山建设委员会委员。

8月1日，李寅恭《废地营林之大利说》在《安徽农学会报》1934年第3号70～75页刊登。

9月，李寅恭《松栎锈病交互寄生之研究》（3页，有图，23开本），《国立中央大学农学院丛刊》第25号，1934年9月国立中央大学农学院刊印。

11月，李寅恭《松栎混交之危险性》在《中华农学会报》1934年129、130期（森林专号）25～27页刊登，同期，李寅恭《各种森林作业法之比较观》在65～71页刊登。

11月15日，李寅恭《中国森林问题》在《东方杂志》1934年21期43～46页刊登。

是年，李寅恭编著《天然林之抚育法》（6页）、《混牧林》（8页）、《混农林》（4页）、《为营造风景林者告》（7页）、《松栎锈病交互寄生之研究》（3页）、《森林与水利》（8页）、《风景林之修枝要诀》（6页）8种作为江苏省教育林刊物，由江苏省教育林刊印。

● 1935年（民国二十四年）

1月9日，下午6时李寅恭参加在南京振务委员会会议厅召开的黄山建设委

员会第一次委员大会并合影。

2月12日，中华林学会第四届理事会在撷英饭店召开，李寅恭当选为理事兼编辑部主任。

2月28日，李寅恭先生为许叔玑先生纪念基金捐洋10 000元。

4月，《申报年鉴》出版，林业部分由南京模范农场凌道扬、南京中央大学农学院李寅恭供稿。

4月，李寅恭《黄山森林视察记》在《中华农学会报》1935年135期1～23页刊登。

4月27日，中央大学农学院森林系助教陈谋在云南省采集标本由普洱到墨江途中，不幸与世长辞。之后李寅恭著《记陈尊三兄殉学事》，详细叙述了年仅32岁陈谋（字尊三）的一生，并给予高度的评价。

11月，《中华农学会会员录》刊行，李寅恭任中华农学会会报编辑委员会委员。

11月，李寅恭编《森林管理》刊印。

12月，李寅恭《栎天社蛾之危害及其防除》国立中央大学《农学丛刊》1935年3卷1期136～139页刊登，同期，李寅恭、苏甲萱《全国森林初步调查》在191～234页刊登。

• 1936年（民国二十五年）

2月，李寅恭被选为中华林学会第四届理事会理事，并任编辑部主任，参加编审《林学》的稿件。

2月5日，国立北平故宫博物院太庙图书分馆索求李寅恭先生刊印的《森林与水利》、《黄山森林视察记》和《松栎锈病交互寄生之研究》。

6月13日，《人生周报》刊登报道《中央大学教授李寅恭先生》。

6月，李寅恭、苏甲萱《全国森林树种及副产之初步调查》在国立中央大学《农学丛刊》1936年3卷2期136～139页刊登。

7月，蒋惠菘任江苏教育林场长，李寅恭担任江苏教育林场长7年后离职。

7月，李寅恭《森林保护问题》在《林学》1936年第5号65～67页刊登。同期，李寅恭《森林病虫害之一斑》在97～109页刊登。

9月1日，李寅恭《开辟采石公园刍议》（农学月刊第二卷第五期抽印本）由国立北平大学农学院农学月刊社印赠。

10月，李寅恭《外来树种生长之初步观察》在《中华农学会报》1936年第153期27～30页刊登。

12月，李寅恭《中国林业问题》在1936年《林学》第6号1～12页刊登。

● 1937年（民国二十六年）

2月，李寅恭《中国林业问题》在《广播周报》1937年第126期26～47页刊登。

3月10日，李寅恭《中国林业问题》在《实业部刊》1937年第2卷第3期刊登。

● 1938年（民国二十七年）

是年下学期，李寅恭教授国立中央大学农学院农艺系四年级森林立地学课程。

● 1941年（民国三十年）

2月，中华林学会第五届理事会在重庆召开，李寅恭被选为理事，担任《林学》编辑部主任、林业施政方案委员会委员和林业政策委员会委员。"七七"事变后，机关学校西迁内地，中华林学会的会务陷于停顿状态。1941年，在重庆的部分林学会理事和林学界同仁鉴于林学界散处各地，缺乏组织联系，认为有必要重建中华林学会组织，恢复《林学》刊物，以便发表论文和建议，促进林业发展。

10月，李寅恭《从飞机说到林政》在《林学》1941年第7期22～29页刊登。同期黄中立、李寅恭《重庆市木材市场概况》在38～67页刊登。

● 1943年（民国三十二年）

4月，李寅恭《川康森林病虫害拾零》在《林学》1943年第9号50～64页刊登。同期，李寅恭、苗久稠《栎螺之外部形态及生态》刊于65～84页。

10月，李寅恭《土地增产评议》刊于《林学》1943年10期19～22页。同期，李寅恭、苗久稠《南京及其附近松毛虫之研究》刊于31～49页。

● 1944年（民国三十三年）

是年，李寅恭编《森林保护学讲义》和《森林立地学》刊印。

李寅恭年谱

- **1946 年（民国三十五年）**

是年，李寅恭休假辞卸中央大学农学院森林系主任职务，郑万钧继掌森林系系务。

是年初夏，李寅恭作《丙戌初夏告别师友》一诗：九载渝民做幸民，一觞一饮惯相亲。归舟剩有来时月，伴送江湖寂寞人[167]。

- **1947 年（民国三十六年）**

1 月，李寅恭《树木学撷要》由正中书局出版，复旦大学教授兼农学院院长钱崇澍为《树木学撷要》一书作序。钱序：吾国木本植物约在五千种以上。而其半数为树种；若一一加以研究，其可以利用而资为生产者，当远出于吾人想象之上；惟欲研究利用，必以辨别种类为先；否则差之毫厘，谬以千里，其结果未必能尽如吾人之所期也。纵谓辨别稀类，为分类学家之责。然既以研究利用为事，亦何可忽视于此哉！顷者吾友李君寅恭有树木学撷要之作，将使农林界学子不必专究其课，亦能于常见之植物而确认其种类。由此或能引起研究吾国植物之兴趣，更作广远之推索，以期尽量利用固有之天产，是则于积极开发吾国富源之今日，其影响当甚远大不待言矣！谨志一言以为君贺。钱崇澍

- **1948 年（民国三十七年）**

5 月，李寅恭《行道树》由正中书局出版，中央大学生物学系教授耿以礼作序。

是年，李寅恭、张绍南著《百卉园吟草》（32 开，72 页）刊印。

- **1949 年（民国三十八年）**

是年，李寅恭任南京大学农学院森林系教授。

- **1952 年**

是年，南京林学院成立，全院教职工名册中教授有：郑万钧、李寅恭、陈嵘、干铎、马大浦、李德毅、周蓄源、袁同功、朱大猷 9 位。

---

[167] 李飞，王步高编.中大校友诗词选[M].南京：东南大学出版社 2002，195.

1953 年

2月14日，春节，李寅恭身患中风在家，郑万钧携55届造林组班上的14名同学给李寅恭拜年，郑万钧让自己的学生一一给他磕头拜年，最后自己恭恭敬敬地磕头拜年[168]。

1958 年

是年，李寅恭逝世于南京（南京林业大学校史（1952—1986）载去世时间为1957年[169]），终年75岁。李寅恭留有专著《松栎锈病交互寄生之研究》（1934年）、《黄山森林视察记》（1935年）、《森林与水利》（1935年）、《森林管理》（1935年）、《开辟采石公园刍议》（1936年）、《森林保护学》（1944年）、《森林立地》（1944年）、《树木学撷要》（1947年）、《行道树》（1948年）9本，论文、报告80余篇。

1987 年

是年，张楚宝撰《缅怀灯火传薪人 回忆李寅恭教授》一文。

1990 年

9月，中国林业人名词典编辑委员会《中国林业人名词典》刊载李寅恭生平[170]：李寅恭（1884—1958年），林学家。安徽合肥人，清光绪末年赴英国任中国留欧学生监督处职员。1919年毕业于英国阿伯丁大学农林科，毕业后曾任英国剑桥大学林业技师。1919年回国，先后任安徽省第一农业学校林科主任，安徽女子职业学校校长，安徽省第二农业学校校长，中央大学农学院森林系教授兼系主任。是中华林学会第一、四、五届理事，1928年创建中央大学农学院森林组（系），是中国近代林业的开拓者之一。建国后，历任南京大学农学院森林系教授，南京林学院教授。毕生从事林业教育，著有《树木学撷要》（1947年）、《行道树》等。

---

[168] 王秀华老师忆郑万钧先生二三事：他带学生给李寅恭教授磕头拜年[N].南京林业大学校报电子版第586期，2014-6-20（03）.
[169] 南京林业大学校史编写组.南京林业大学校史（1952-1986）[M].北京：中国林业出版社，1989，333.
[170] 中国林业人名词典编辑委员会.中国林业人名词典[M].北京：中国林业出版社，1990，127-128.

李 寅 恭 年 谱

● 1991年

1月,由中国科学技术协会编、中国科学技术出版社出版的《中国科学技术专家传略》(农学编·林业卷)刊登张楚宝、黄在康所著的李寅恭传略《为中国近代林业的发展作出重要贡献的李寅恭(1884—1958)》,传略称:李寅恭,林业教育家、林学家。中国近代林业开拓者之一。毕生致力于林业教育事业。1927年创建南京中央大学农学院森林组。任教近20年,为我国培养了一大批林业专门人才。向社会广泛宣传林业科学知识和发展林业的重要性,热心参加林学会工作及与林业有关的社会活动,为中国近代林业的发展作出了重要贡献。

● 2015年

11月14日,安庆晚报《名人与安庆》专栏刊登张皖生《林业科学家李寅恭》一文。

陈嵘年谱

陈嵘（自中国林学会）

陈 嵘 年 谱

- **1888 年（清光绪十四年）**

　　3 月 2 日（农历正月二十日），陈嵘（Chen Rong, Chen Rung, Chen Y），原名陈正荣，字任候，生于浙江省安吉县晓墅镇三社村（现名石龙村），其父亲陈思恬、母亲彭氏。

- **1894 年（清光绪二十年）**

　　是年，陈正嵘上私塾。

- **1899 年（清光绪二十五年）**

　　是年，陈正嵘父亲陈思恬去世。

- **1904 年（清光绪二十九年）**

　　是年，陈正嵘回到平阳县坎头入读陈黎青主办的"致用学堂"，陈黎青将其名改为陈嵘，字宗一[171]。

- **1905 年（清光绪三十一年）**

　　8 月 20 日，中国同盟会在东京召开成立大会。
　　是年，陈嵘到平阳县高等学堂学习。

- **1906 年（清光绪三十二年）**

　　3 月，陈嵘东渡日本，进东京弘文书院日语速成班学习，半年后进入大学预科班学习。同年与湖州籍陈英士加入中国同盟会[172]。

- **1909 年（清宣统元年）**

　　是年，陈嵘在日本考入北海道帝国大学林科，回国与徐氏完婚。

---

[171] 陈文秋. 陈嵘先生生平大事资料, 纪念陈嵘先生专辑（纪念陈嵘先生诞辰一百周年）[M].1986, 27-31.

[172]《天目菁华》第四季"乡贤"系列之林学泰斗·陈嵘 [N]. 安吉新闻集团大型纪录片, 2016-11-21.

陈 嵘 年 谱

● **1911 年（清宣统三年）**

是年底，陈嵘受同盟会派遣与黄炎培等五人潜赴天津从事革命活动[173]。

● **1912 年（民国元年）**

1月1日，南京临时政府成立时，陈嵘从天津赴南京参加了孙中山就任临时大总统的庆典，孙中山宣读了亲自撰写的就职誓词："倾覆满洲专制政府，巩固中华民国，图谋民生幸福，此国民之公意，文实遵之，以忠于国，为众服务。至专制政府既倒，国内无变乱，民国卓立于世界，为列邦公认，斯时文当解临时大总统之职，谨以此誓于国民"。庆典之后陈嵘复返农科大学攻读。

● **1913 年（民国二年）**

7月，吴筹备辞浙江省立甲种农业学校校长职，陈嵘回国继任，学校添设森林科一班，陈嵘兼授植物生理及日文等课程[174]。

是年，陈嵘即着手采集树木标本，专心研究，并将研究成果陆续在《中华农学会报》上发表。

● **1914 年（民国三年）**

是年，陈嵘在平阳县三社村创办新式小学——三社小学，请张国维担任校长，学校资金由陈嵘组织的校董事会以及以后的校友会出资。

● **1915 年（民国四年）**

7月，教育部令规定甲种农业学校修业期限为4年（预科1年，本科3年），学校特设研究科一班，为原有的农学、森林两科学生延长一年学习时间，陈嵘辞浙江省立甲种农业学校校长职，黄勋为校长。

7月，南京江南高等实业学堂改为江苏省立第一农业学校，内设农、林两科，过探先为校长，陈嵘为林科主任（至1922年）。过探先与陈嵘一致认为，林科师生为进行科研实习的需要，应有大面积的林场。

---

[173] 陈嵘先生生平史略，陈嵘纪念集 [M]. 北京：中国林业出版社，1986，70-75.
[174] 浙江大学《农业与生物技术学院院史》（第一卷）[EB/OL]. http://www.ireader.com/index.php?ca=Chapter.Index&bid=10117499.

陈 嵘 年 谱

是年，陈嵘发起三社小学承领荒山 205 亩，由区内居民每年承担 150 元作造林费用。

是年秋，陈嵘主任寻找适宜山地作为该校实习林场场址，经过几个月的调查勘测，最后选定江浦县境老山范围内约 20 万亩荒山，陈嵘根据勘测结果，详细地拟出一份造林计划书，根据计划书来经营林场。

● 1916 年（民国五年）

1 月，"江苏省教育团公有林"在浦镇设立，建立管理机构，推定卢殿虎（江苏省长公署教育科科长）为总理，过探先、钟福庆为协理，陈嵘为技务主任。是年，陈嵘引种刺槐和日本黑松种植于江浦老山教育团公有林场。江苏省教育团公有林的建立，开创了我国近代大规模植树造林事业的先河。之后兴办了云野公司、安吉三社林场、安徽建平林社、南京九华山林场、青龙山林场和江苏句容下蜀林场[175]。

是年秋，陈嵘、王舜臣、过探先等在苏州集会，发起组织中华农学会[176]。

12 月，《科学》刊登《本年入社新社员举名》，凌道扬、李寅恭、陈嵘加入中国科学社。

● 1917 年（民国六年）

1 月 30 日，由陈嵘、王舜臣、过探先、唐昌冶、陆水范等发起并于上海教育会堂成立中华农学会，推举张謇为名誉会长，陈嵘任中华农学会第一届会长兼总干事长。中华农学会事务所暂设于苏州省立第三农校内。

2 月 12 日，在上海成立中华森林会。金陵大学林科主任凌道扬发起组织成立中华森林会，得到了江苏省第一农业学校林科主任陈嵘及林学界其他人士金邦正、叶雅各布等的支持，会址设在南京太仓园 5 号，活动范围局限于南京。

● 1918 年（民国七年）

12 月，在南京的中华森林会和中华农学会联合编辑创办《中华农学会丛刊》，陈嵘任主编。

---

[175] 南京市老山林场志编纂委员会编. 南京市老山林场志 [M]. 南京：南京市老山林场，2002，13
[176] 杨瑞. 中华农学会成立初期的史实考述 [J]. 中国农学通报，2007（10）：11-14.

12月,陈嵘《中国树木志略》刊于《中华农学会丛刊》1918年第1册学艺1~17页。

1919年(民国八年)

3月,陈嵘《中国树木志略》(续)在《中华农学会丛刊》1919年第2集学艺1~12页刊登。

5月,陈嵘《中国树木志略》(续)在《中华农学会丛刊》1919年第3集学艺1~11页刊登。

8月,陈嵘《中国树木志略》(续)在《中华农学会丛刊》1919年第4集学艺1~11页刊登。

10月,陈嵘《中国树木志略》(续)在《中华农学会丛刊》1919年第5集学艺10~19页刊登。

1920年(民国九年)

1月,陈嵘《中国主要树木造林法》由金陵大学森林系刊印。

3月,陈嵘《中国树木志略》(五续)在《中华农学会报》1920年第6集学艺16~27页刊登。

5月,陈嵘《中国树木志略》(六续)在《中华农学会报》1920年第7集学艺7~18页刊登。

7月,陈嵘《中国树木志略》(七续)在《中华农学会报》1920年第8集学艺1~9页刊登。

8月,陈嵘《中国树木志略》(八续)在《中华农学会报》1920年第9集学艺1~11页刊登。

9月,陈嵘《中国树木志略》(九续)在《中华农学会报》1920年第10集学艺49~52页刊登。

10月,陈嵘《中国树木志略》(十续)在《中华农学会报》1920年第2卷第1号13~20页刊登。

11月,陈嵘《中国树木志略》(十一续)在《中华农学会报》1920年第2卷第2号37~46页刊登。

12月,陈嵘《中国树木志略》(十二续)在《中华农学会报》1920年第2卷第3号156~168页刊登。

1921年（民国十年）

1月，陈嵘《中国树木志略》（十三续）在《中华农学会报》1921年第2卷第4号10～18页刊登。

2月，陈嵘《中国树木志略》（十四续）在《中华农学会报》1921年第2卷第5号19～29页刊登。

3月，中华森林会《森林》杂志创刊，陈嵘《杂草对于树木生长之害》刊于《森林》第1卷第1期专著专栏1～6页。

4月，陈嵘《中国树木志略》（十五续）在《中华农学会报》1921年第2卷第6号28～35页刊登。

6月，陈嵘《中国树木志略》（十六续）在《中华农学会报》1921年第2卷第8号57～67页刊登。

7月，陈嵘《中国树木志略》（十七续）在《中华农学会报》1921年第2卷第9号55～66页刊登。

8月，陈嵘《中国树木志略》（十八续）在《中华农学会报》1921年第2卷第10号66～70页刊登。

10月，陈嵘《中国树木志略》（十九续）在《中华农学会报》1921年第3卷第1号62～71页刊登。同期，陈嵘《女贞（冬青）播种之适当时期》在113～114页刊登。

12月，陈嵘《中国树木志略》（二十续）在《中华农学会报》1921年第3卷第3号39～47页刊登。

1922年（民国十一年）

7月，中华农学会7至10日在济南山东省教育会召开第五届年会，出席会议的有200人，王舜臣为第二任会长。

7月，陈嵘辞江苏省第一农业学校林科主任职，到圣约翰大学进修英语半年。

8月，陈嵘《中国树木志略》（二十一续）在《中华农学会报》1922年第3卷第11号27～42页刊登。

9月，陈嵘《中国树木志略》（二十二续）在《中华农学会报》1922年第3卷第12号16～20页刊登。

12月，陈嵘《中国树木志略》（二十三续）在《中华农学会报》1922年35

号 29 ~ 47 页刊登。

• 1923 年（民国十二年）

1 月，陈嵘《中国树木志略》（二十四续）在《中华农学会报》1923 年 36 号 23 ~ 37 页刊登。

3 月，陈嵘《中国树木志略》（二十五续）在《中华农学会报》1923 年 38 号 16 ~ 23 页刊登。

4 月，陈嵘《中国树木志略》（二十六续）在《中华农学会报》1923 年 39 号 31 ~ 36 页刊登。

5 月，陈嵘《中国树木志略》（二十七续）在《中华农学会报》1923 年 40 号 18 ~ 26 页刊登。

6 月，陈嵘《中国树木志略》（二十八续）在《中华农学会报》1923 年 41 号 15 ~ 22 页刊登。自 1918 年，陈嵘开始在《中华农学丛刊》、《中华农学会报》历时 6 年连续发表 29 篇《中国树木志略》，记叙中国树木 400 余种并编成《中国树木学讲义》。

是年初，陈嵘赴美国哈佛大学安诺德树木园（Arnold Arboretum of Harvard University）研究树木学，受到威尔逊等树木分类学家指导，同时将重要标本携往有关研究所进行鉴定。

• 1924 年（民国十三年）

是年，陈嵘获美国哈佛大学科学硕士学位[177]，之后得到金陵大学资助，赴德国萨克逊林学院进修一年。

• 1925 年（民国十四年）

10 月，陈嵘回国任金陵大学森林系教授、系主任，担任该职一直到 1952 年，达 27 年之久，期间讲授中国树木概论、造林学原论、造林学本论、造林学各论等课程[178]。

---

[177] inling Da Xue. Nong Xue Yuan Annual Report of the College of Agriculture and Forestry and Experiment Station(University of Nanking bulletin) [M]. No 14-20，University of Michigan，2007-9-12.
[178] 中国树木分类学的奠基人——陈嵘[EB/OL].http：//scitech.people.com.cn/GB/25509/47973/50764/3691205. html.

 陈嵘年谱

● 1926 年（民国十五年）

1月，陈嵘《推广江苏金陵道林业的我见》在《中华农学会报》1926年第49期27～31页发表。与此同时，在陈嵘的建议下，还成立了浙江省云野林业有限公司，承领安吉和长兴县境的天目山余脉（浮云山）的荒山三处，合计面积75平方里，并且筹集股金8万元，准备分年进行造林。为实行这个计划，陈嵘提出了详尽的施业方案，从而使该公司的荒山造林业务取得很大成绩。

7月27日，孙中山葬事筹备委员会第41次会议决定在陵园内设立中山植物园。

9月5日，中华农学会杭州第十届年会通过筹设农学研究所案，将"筹设高等农学机关"正式列为章程的九大事业之一，意味着从制度层面确立研究所的重要地位。杭州年会结束后，农学研究所筹备工作启动，试验场率先成立。

9月7日，中华农学会第一次干事会议推举许璇、陈嵘、吴庶晨、王舜成、钱天鹤、葛敬铭、陈方济等7人为组织委员，确定农学研究所组织大纲，分设农业生产、农业经济和农业推广三部；章程规定其宗旨为"图农业之发达及农产之改良"，主要事务是先从试验着手，进而为学理的研究[179]。

9月25日，中华农学会第四次干事会推定许璇、陈嵘、吴桓如、过探先、钱天鹤、汤惠荪、侯朝海、黄枯桐、徐澄、葛敬铭、袁晳、江汉罗、吴觉农、周汝沆、陈方济等15人筹备研究所，制定了试验场组织大纲及进行计划。

● 1927 年（民国十六年）

12月，陈嵘《世界林业之沿革及其趋势》在《中华农学会报》1927年第59期1～5页刊登。

● 1928 年（民国十七年）

1月15日，中华农学会农事试验场正式设立，试验场于沪宁线真茹站附近择定场址，面积约32亩，平坦整齐，灌溉便利，为试验佳地。场技术员周汝沆与工人迁入开始办公。1929年10月，研究所与试验场工作宣告结束，意味着农学研究所整体工作遭致失败。

---

[179] 杨瑞. 中华农学会与现代农学研究机构的创设 [J]. 学术研究，2011(05)：117-124.

3月，为纪念孙中山逝世3周年，也因为此时间前后植树成活率最高，陈嵘受众人之托，向国民政府递交报告，建议将原来日期定在清明节的植树节改在孙中山忌日（3月12日），后得到同意。

3月15日，陈嵘《世界林业之沿革及其趋势》在江苏大学农学院《农学杂志》1928年第1号11～16页刊登。

4月7日，国民政府通令全国："嗣后旧历清明植树节应改为总理逝世纪念植树式"。

5月18日，由姚传法与凌道扬、陈嵘、李寅恭等发起恢复林学会，并推姚传法、韩安、皮作琼、康瀚、黄希周、傅焕光、陈嵘、李寅恭、陈植、林刚等10人为筹备委员。同年8月4日在金陵大学农林科召开成立大会，通过了会章，推选姚传法为理事长，会址设在南京保泰街12号。

是年暑期，陈嵘到四川峨眉山采集植物标本，采集到我国仅有的珙桐花及种子，在山上跌坏了牙齿。

12月，陈嵘《南京森林植物带之变迁（英文）》刊于《中华农学会报》（中华农学会第十一届年会专刊）1928年64、65期31～34页。

是年，陈嵘受美国植物学界朋友的委托，将采到的珙桐种子寄往美国，珙桐才在欧美国家得到繁殖，中国鸽子树成为世界闻名的观赏树。

● 1929年（民国十八年）

5月4日，下午二时许在金陵大学大礼堂举行过探先生追悼大会，杨杏佛先生致开会词，陈嵘先生报告过探先生历史，陈裕光、杨杏佛先生讲话。

5月，陈嵘参加在荷属爪哇（现印度尼西亚爪哇）举行的第四次泛太平洋科学会议。

6月，陈嵘《发展首都各县林业意见书》在《中华农学会报》1929年68期1～5页刊登。

7月1日，"总理陵园纪念植物园"正式动工，由孙中山先生丧事筹备委员会向国民政府申请获准，负责人为傅焕光。为了选好植物园园址，傅焕光邀请了在南京的林学家陈嵘、植物学家钱崇澍、秦仁昌等一同进行现场考察，最终选定了中山陵西南部200多公顷土地为园址，东至孙权墓，西至前湖和龙脖（一说为脾）子一带，园艺学家章君瑜进行规划设计[180]。

8月，叶培忠到总理陵园总务处报到。建立国立植物园在我国尚无先例，是个全新的领域。叶培忠在陈嵘教授的指导下，参与总理陵园纪念植物园总体设计，是总理陵园纪念植物园设计图6名设计者之一[181]。

10月，中华林学会《林学》杂志创刊，陈嵘以《发展首都（南京）附近各县林业意见书》为题，深刻地阐述他发展林业的观点。

11月，正式创立总理陵园纪念植物园，划定明孝陵前湖一带240公顷土地为园地，由林学家傅焕光、陈嵘勘定，邀请植物学家钱崇澍、秦仁昌详细考察，园艺家章守玉主持总体设计。建园宗旨有六：(1)搜集及保存国产草、木本植物；(2)输入外国产有价值之植物种类；(3)作植物分类形态解剖及生理生态繁殖之研究；(4)供学校学生实地考察；(5)引起一般群众对于自然美及植物学之兴趣，明了植物伟大之效用及对于人生之需要；(6)为城市民众怡寄性情之所。

是年秋冬，陈嵘前往湖北西部采集植物标本[182]。

• 1930年（民国十九年）

1月，陈嵘著《中国主要树木造林法》（金陵大学农林丛书之一）由金陵大学农林科树木学标本室出版。

• 1931年（民国二十年）

2月10日，陈宗一先生演讲《各国森林行政系统》，演讲稿在《国立中央大学农学院旬刊》1931年第65期10～13页刊登。

• 1932年（民国二十一年）

1月11日，陈嵘《大水灾后树木被害状况之调查》在《农林新报》1932年9卷第2期30～33页刊登。

1月21日，陈嵘《大水灾后树木被害状况之调查(续)》在金陵大学农学院《农

---

[180] 张晓露. 他将城市名片——"法桐"引入石城 [EB/OL]. [2012-06-07]. http://www.js.chinanews.com/news/2012/0606/40527.html.

[181] 周济. "叶培忠"中国科学技术专家传略. 农学编, 林业卷1[M]. 中国科学技术协会编. 北京：中国科学技术出版社，1991，199-214.

[182] 江苏省地方志编纂委员会. 江苏省志·风景园林志[M]. 南京：江苏古籍出版社，2000.

林新报》1932 年 9 卷第 3 期 55～60 页刊登。

7 月，陈嵘《中华农学会成立十五周年》在《中华农学会报》1932 年 101、102 期 1～15 页刊登。

● 1933 年（民国二十二年）

1 月 1 日，陈嵘《女贞（冬青）应尽本月内播种》在《农林新报》1933 年 10 卷 1 期 6 页刊登。

2 月，金陵大学森林系陈嵘著《造林学概要》（中华农学会丛书）由中华农学会出版。

3 月 11 日，陈嵘《杂草对树木生长之害》在《农林新报》1933 年 10 卷第 8 期（森林专号）135～137 页刊登。

8 月 20 日，为发展祖国现代植物科学事业，在胡先骕、辛树帜、李继侗、张景钺、裴鉴、李良庆、严楚江、钱天鹤、章爽秋、叶雅各布布、秦仁昌、钱崇澍、陈焕镛、钟心煊、刘慎谔、吴蕴珍、陈嵘、张王廷、林镕等植物学工作者的发起下，经酝酿协商，于 8 月 20 日在重庆北碚中国西部科学院召开了中国植物学会成立大会，通过了中国植物学会章程和出版植物学季刊等项提案。

9 月，金陵大学森林系陈嵘著《造林学各论》（中华农学会丛书）由中华农学会出版。

● 1934 年（民国二十三年）

1 月，陈嵘《日本针叶树在南京附近造林之失败》在《中华农学会报》1934 年 120 期 1～9 页刊登。

3 月 11 日，陈嵘《树木开叶落叶之时期与移植工作之关系》在《农林新报》1934 年 11 卷第 8 期（森林专号）155～159 页刊登。

9 月 1 日，陈嵘《森林与造纸事业》在《农林新报》1934 年 11 卷第 25 期 507～509 页刊登。

11 月，陈嵘《树木开花落叶之时期与移植工作之关系》在《中华农学会报》1934 年 129、130 期（森林专号）16～24 页刊登。

12 月，陈嵘著《中国森林史料》（中华农学会丛书）初版由中华农学会出版。

12 月，陈嵘著《历代森林史略及民国林政史料》由金陵大学农学院森林系

林业推广部出版。

• 1935年（民国二十四年）

3月11日，陈嵘《论复兴农村宜兼重林业及造林上应采之方针》在《农林新报》1935年12卷8期193~195页刊登。

6月，陈嵘《列强林业经营之成功与中国林业方案之拟议》在《中华农学会报》1935年137期1~16页刊登。

11月8日，陈嵘《论复兴农村宜兼重林业及造林上应采之方针》在南京《中央日报》第8版刊登。

11月11日，陈嵘《记日本林业专家之谈话》在《农林新报》1935年12卷32期787~788页刊登。

11月，《中华农学会会员录》刊行，陈嵘任中华农学会理事、丛书编辑委员会委员、图书管理委员会委员、叔玑奖学金委员会委员、中华农学会基金保管委员会主任。

12月，陈嵘《树木对水旱抵抗力之调查》在《中华农学会报》1935年142、143期6~17页刊登。

是年，陈嵘《学校林经营之实例》由金陵大学农学院农林推广部出版。

• 1936年（民国二十五年）

2月，陈嵘被选为中华林学会第四届理事会理事。

3月11日，陈嵘《因植树节回忆裴义理》和《中国造林事业之商榷》在《农林新报》1936年13卷第8期190~193页刊登。

3月15日，陈嵘《中国造林事业之商榷》在《中国实业》1936年2卷3期（森林专号）2764~2768页刊登。同期，陈嵘《林业教育问题》在2774~2778页刊登。

7月，陈嵘《造林上引用外来树种之问题》在《林学》1936年第5期4~10页刊登。

是年夏，吴中伦考取金陵大学农学院森林系，师从陈嵘先生[183]。

10月，陈嵘《造林上引用外来树种之问题》在《中华农学会报》1936年第

---

[183]吴中伦.怀念陈师，陈嵘纪念集[M].北京：中国林业出版社，1986，11-15.

153 期 22～26 页刊登。

12 月，陈嵘《中华农学会成立二十周年概况》在《中华农学会报》1936 年 155 期 1～20 页刊登，同期，陈嵘《中国造林事业之商榷》在 67～72 页刊登。

12 月 21 日，陈嵘《世界各国林业行政之组织》在《农林新报》1936 年 13 卷 35 期 959 页刊登。

● 1937 年（民国二十六年）

3 月 10 日，陈嵘《油桐栽培改进方法之讨论》在《中华农学会报》1937 年 158 期 1～12 页刊登。

3 月 11 日，陈嵘《油桐栽培改进方法之讨论》在《农林新报》1936 年 14 卷第 8 期 232～237 页刊登。同期陈嵘口述、徐永椿笔记《造林上引用外来树种之问题》在 253～255 页刊载。

4 月，《中华农学会报》1937 年 159 期（许理事长许叔玑纪念奖学金第一届征文号）刊登理事会信息：陈嵘任中华农学会理事、丛书编辑委员会委员、图书管理委员会委员、叔玑奖学金委员会委员、中华农学会基金保管委员会、聘珍纪念基金保管委员会主任。黄召棠，字聘珍，湖南吉首市人，农业教育家，1928 年因病去世，为纪念其培育人材与发展农学所作贡献，中华农学会于 1936 年设立黄聘珍先生纪念奖学会，以奖励农业尤其农业化学方面优异论著。

6 月 26 日，陈嵘、黄通介绍顾志成为中华农学会永久会员。

8 月，《中华农学会报》1937 年 163 期刊登陈嵘《中国树木分类学》一书的介绍。

9 月 1 日，陈嵘《中国树木分类学》由中华农学会出版，是中国第一部树木学专著，是一部系统描述树木的著作，长达 1 191 页。此书记录了我国树木（包括少数国外产的）111 科 550 属 2 550 种（包括 14 亚种和 591 变种）。《中国树木分类学》在我国树木学的发展过程中起到了开拓作用，为中国现代树木学奠定了基础。在过去很长一段时间内，不仅作为大学教材，而且是树木资源调查、树种鉴定的重要参考书。

9 月 1 日，陈嵘《战时之救荒植物》在《农林新报》1937 年 14 卷第 24、25 期 633～634 页刊登。

12 月初，国民政府首都南京沦陷前夕，金陵大学校长陈裕光委托由美国教授贝德士、史德蔚、林查德及中国教授陈嵘、齐兆昌教授 5 人组成"金陵大学留京

护校委员会",管理金大和金中,主持两校的难民区工作,坚持办学。陈嵘被推举负责金大难民区的救助工作,留守南京期间,守护金大和金大附中校产、保护难民、坚持办学,曾任金陵补习学校、鼓楼中学、同伦中学、南京金陵中学负责人。

• 1939 年(民国二十八年)

3月11日,陈嵘《列强林业之经营效果与我国林政方案之商榷》在《农林新报》1939年16卷第6、7、8期合刊2~10页刊登。

是年下半年,金陵大学原址开办金陵补习学校,贝德士为名誉校长,陈嵘主持全面工作,由于教学秩序正常,社会名声较好。

• 1940 年(民国二十九年)

是年下半年,金陵补习学校扩充办学,有学生二、三百人,改名为"鼓楼中学",仍由美国教会主办,陈嵘为校长,齐兆昌为总务主任,全面设置普通高中课程。

8月,陈嵘《论广植"食粮植物"为防灾备荒之要图》在《中华农学会报》1940年170期51~62页刊登。

9月21日,陈嵘《战时之救荒植物》在《农林新报》1940年17(1,2,3)期合刊上刊登。

• 1942 年(民国三十一年)

是年,鼓楼中学改名为同伦中学,陈嵘任校长。

• 1945 年(民国三十四年)

8月15日,日本无条件投降,同伦中学仍恢复原名"金陵中学",全校师生欢欣鼓舞,喜庆胜利。10月25日,贝德士以"金陵大学副校长"名义乘飞机从四川飞抵南京,负责处理金大校产接收事宜。

• 1946 年(民国三十五年)

7月,陈嵘为同伦中学毕业生文棣题词:富贵不能淫,贫贱不能移,威武不能屈,此谓之大丈夫。赠文棣学弟毕业留念,丙戌夏,陈嵘。

8月，陈嵘任金陵大学森林系教授、系主任。金陵大学9月30日在南京鼓楼原校址正式复学，森林系继续由陈嵘主持。

9月，陈嵘、梁希、姚传法、皮作琼应台湾行政长官之邀，赴台湾考察林业。

● **1947年（民国三十六年）**

11月27至29日，中华林学会派代表参加中华农学会成立30周年纪念活动，陈嵘在《中华农学会通讯》发表《中华农学会成立三十周年纪念特刊》纪念文章。陈嵘还撰诗："粤稽斯会，肇自民六。一遇兵燹，再遭回禄。避苏迁沪，风尘仆仆。北伐告成，重返锺麓。奠址双龙，事业渐复。抗战军兴，随迁入蜀。赞襄国计，贡献足录。卅载有成，还都亦速。双庆同臻，书此敬祝。"

● **1950年**

8月18日，中华全国科学工作者代表会在北京正式召开，陈嵘作为南京的代表，参加了会议，并被选为中华全国科学技术普及协会林业学组委员会主任委员。

9月，陈嵘《造林学各论》（增订4版）由中华农学会发行。

● **1951年**

2月，陈嵘《造林学概要》（第6版）由中华农学会发行。

2月，陈嵘参加了林垦部召开的全国林业会议，会议期间与沈鹏飞、殷良弼教授倡议组建中国林学会，2月26日中国林学会正式宣告成立，梁希当选为中国林学会第一届理事长，陈嵘当选为副理事长[184]。

3月，教育部建立高等学校文科教材编审委员会，并聘请杨晦、李广田、范文澜、何思敬、钱端升、杨石先、钱伟长、陈嵘、张锡钧、王学文、陈岱孙、孙怀仁、丁浩川、孟宪承、曹日昌等专家分别担任文、法、理、工、农、医、财经、教育等学科的教材编审委员[185]。

4月，《中国林业》1951年2卷第4期（一九五一年全国林业会议专刊号）

---

[184] 陈嵘先生生平史略.纪念陈嵘先生诞辰一百周年[M].安吉：中国人民政治协商会议浙江省安吉县委员会文史资料委员会刊印，1988，70-75.

[ ]《中华教育改革编年史》编写组主编.中华教育改革编年史（3）[M].北京：中国教育出版社，2009，1197.

陈 嵘 年 谱

刊登陈嵘题词：黄河留碧水 赤地变青山 谨录梁部长名句以祝中国林业之前途。

4月，陈嵘《中国林业建设在世界上的地位》在《中国林业》1951年2卷第4期49～50页刊登。

7月26日，南京金陵大学陈嵘致信武昌国立武汉大学生物系钟心煊教授。心煊学长：多年阔别人士沧桑久未修书问候乃蒙。惠函先须不觉惭感交集 承示调查鄂西植物计划规模宏大而周详曷胜佩仰，兹将指示各点奉答如下，仅供参考。（1）前赴鄂西采集系在一九二六年秋冬；（2）采集地点由宜昌赴兴山转秭归由此转至神农架，最佳采集地点为兴山五指山一带；（3）所采标本尽系木本约四百种约二千余份；（4）全部标本现存金大，名录缓日再行奉正；（5）并无剩余副本；（6）陈（陈焕镛）钱（钱崇澍）二先生前在金大时曾到宜昌附近调查似未深入鄂西，植物系因主管人暑期出外容缓查明；（7）焦（焦启源）史（史德尉）二先生曾赴贵州梵净山一带采集并未前往鄂西，标本可能存在植物所内；（8）除上列外金大未有人前往湖北采集；（9）外人除Henry，Wilson，Forrest以外尚未闻有前往鄂西采集。本届暑期金大与金女大合并改为公立留校工作暂不外出 顺达并祝 研祺。弟 陈嵘 叩上 七、二十六。

10月，陈嵘著《中国森林史料》（第3版）由中国农学会出版。

• 1952年

3月25日，陈嵘《对于王绪捷先生关于拙著提出批评的答复》刊于《中国林业》1952年3月号54页。原文为：承王绪捷先生对于拙著造林学概要所提各点的批评，完全是正确的。该书原出版于一九三五年，在一九五一年偬时促增续印时，确实思想模糊，粗枝大叶。今经王先生一一指出，使我认识端正，立场站稳，自应将该书重加改订，以对读者负责。特向王先生感谢美意。该号53～54页刊登了冀西造林试验场王绪捷《请陈嵘先生的<造林学概要>后的意见》。

7月，根据全国院系调整的部署，在全国农学院院长会议上讨论并宣布，南京大学与金陵大学两校森林系合并，成立南京林学院，由陈嵘任筹委会主任。

9月，陈嵘著《造林学特论》（中华农学会丛书）由中国图书发行公司南京分公司发行。在书中特制了一个说明签：敬启者拙著中国树木分类学，造林学各论，造林学特论，造林学概要，中国森林史料等五种，自一九五二年九月一日起与中国图书发行公司南京分公司订立合约由其总代经售倘蒙惠购所有汇寄款项请

陈 嵘 年 谱

寄南京太平路二二〇号该公司或迳与各地中国图书发行公司分公司联系转购为荷 此致 敬礼 陈嵘谨启 一九五二年九月一日。

12月22日，中央人民政府林业部第十二次部务会议决定，中央林业研究所改称中央林业部林业研究所。

● 1953 年

1月1日，陈嵘任中央林业部林业科学研究所所长、一级研究员（林业科学研究所只有两位一级研究员，另一位是乐天宇）。

2月15日，朱德副主席在林业部长梁希陪同下到林业科学研究所视察，指示尽快绿化西山，而小西山一带尤应先行一步。陈嵘为贯彻这一指示，增设了"西山山丘地区造林方法的研究"课题，以便更快地把首都西郊绿化起来；之后又召开了山地造林技术座谈会，交流造林绿化经验，并在此基础上制定了《华北地区油松、落叶松造林技术试行方案》，这一方案不仅有助于西山绿化工作，而且对整个华北地区造林技术都有指导作用。

2月21日，召开中央林业部林业科学研究所全体人员大会，宣布中央林业部林业科学研究所正式成立。会上由参加筹备工作的王宝田同志报告筹建工作；陈嵘所长宣布林业所的办所方针、任务和组织机构。业务上设置造林系（负责人：侯治溥）、木材工业系（负责人：唐耀副所长兼）、林产化学系（负责人：贺近恪）以及编译委员会。

3月，陈嵘《造林学各论》（增订5版）由中华农学会发行。

4月2日，林业部副部长罗玉川召开座谈会。林业所陈嵘所长、高尚武、林刚等同志参加。主要座谈林业所1955年科学研究计划。最后罗部长作了总结：（1）林业所的科研计划可以通过；（2）要将研究课题分为主要和次要的两种；（3）林学为自然科学，研究过程中不要静止、孤立地认识一些现象；（4）每年要出一份研究报告作为交流经验。

7月，陈嵘《中国树木分类学》由中国图书发行公司南京分公司重印。

12月，由张楚宝作为介绍人，陈嵘加入九三学社[186]，并被选为九三学社中央科技文教委员。

---

[186] 张楚宝.缅怀尊敬的陈嵘老师，纪念陈嵘先生专辑（纪念陈嵘先生诞辰一百周年）[M].安吉：中国人民政治协商委员会浙江省安吉县委员会刊印，1986，14-19.

1954 年

5月9日，中国林学会召开常务理事及在京理事联席会议，研究刊行《林业学报》及《中国林学会通讯》和筹组临时编委会等问题，推选郝景盛、殷良弼、范济洲、张楚宝、周慧明、唐熠、陈嵘等7人组成临时编委会。10月《中国林学会通讯》第一期出刊[187]。

6月中旬，长江流域发生洪水灾害，陈嵘立即组织林研所科研人员奔赴灾区，深入调查树木受淹后的生长情况，完成《1954年长江流域洪水后树木耐水力强弱的调查报告》，这对洪涝地区造林树种的选择，有着重要的指导作用。

1955 年

1月，陈嵘参加《农林学科各专门学会学术讨论会》。

2月，中国林学会召开专题讨论北京西山造林问题，陈嵘参加专题讨论。

7月，中国林学会主办的学术刊物《林业科学》创刊，刊名由林业部部长梁希先生题写，陈嵘任主编。

1956 年

1月，陈嵘列席中国人民政治协商会议第二届全国委员会第二次全体会议，林业部列席人员有吴中伦、陈嵘、黄范孝。

1月31日，国务院召开了制订国家第一个科技发展远景规划的动员大会，中国科学院、国务院各有关部门、高等学校领导人和科技人员参加了大会。陈嵘积极参加了1956—1967年全国科技发展规划《十二年科技远景规划》的制订工作，与有关专家提出了林业研究方面的具体奋斗目标，为林业科技工作的发展起了促进作用，在制订规划时他多次强调把营林科研工作放到首要位置。

是年，陈嵘随林业部梁希部长赴西南各省林区进行实地考察，对云南西双版纳自治州营造橡胶林试点提出了许多有益的建设性意见。

1957 年

5月，陈嵘参加由李范五副部长为团长的中华人民共和国林业考察团，前赴

---

[187] 中国林学会编.中国林学会成立六十五周年纪念(1917-1982)[M].北京：中国林学会出版，1982，50.

民主德国和捷克斯洛伐克访问，考察团还有内蒙古林业研究所所长江福利、中国科学院林业土壤研究所研究员王战、东北林学院教授邵均、北京林学院教授朱江户、林业部森林调查设计局杨润时副总工程师和经营局杨廷梓、造林设计局敖匡芝、造林局黄枢工程师以及专家工作室王永淦共11人，考察团历时4个月，9月经莫斯科回国。回国后李范五副部长完成《赴德、捷考察》的报告[188]。

8月10日，国务院科学规划委员会向林业组发布国家重要科学技术任务1957年主要研究项目。第47项任务名单一览表名单中有林业组成员14人，其中林业所有2人（陈嵘、侯治溥）；研究负责人17人，其中林业所有9人（阳含熙、张英伯、王兆凤、吴中伦、徐纬英、黄中立、王宝田、王增恩、薛楹之）。

10月20日，根据国家科学规划委员会的工作部署，全国《树木志》编写由中国科学院植物所及林业所负责，要求于1967年前完成。为此，拟成立2个编写委员会：一是全国编写委员会；二是地方编写委员会。林业所陈嵘、吴中伦为全国《树木志》编写委员。

12月，陈嵘《中国树木分类学》由上海科学技术出版社重版。

• 1959年

5月31日，陈嵘《防烟林树种的介绍》在《林业科技通讯》1958年30期5页刊登。

6月25日，陈嵘《略谈杨树》在《林业科技通讯》1958年35期7页刊登。

7月，全国科学联合会、中国植物学会传达"中国访苏科学技术代表团工作报告会 及第二届全国理事会扩大会议在北京西苑大旅社举行"。林业所陈嵘、吴中伦、阳含熙、张英伯分别以分类组、生态组和资源组的代表身份出席会议。

10月27日，经国务院科学规划委员会批准，林业部成立中国林业科学研究院（其前身为1952年成立的林业部林业科学研究所）。

• 1959年

4月，陈嵘作为中国科学技术协会的代表当选为中国人民政治协商会议第三届全国委员会委员。

---

[188] 李范五著. 李范五回忆录[M]. 北京：中央文献出版社，2012，294-297.

5月5日,《人民日报》刊登陈嵘委员的发言《林业的新阶段》。

• 1960 年

2月,陈嵘任中国林学会第二届副理事长。

3月8日,林科院召开全院大会,张克侠院长宣布院组织机构、人事安排。其中,林业所任务是:林木改造大自然,用最新技术改造树木,扩大生产和生活所需的森林资源,经营管理,森林保护。林业所所长为陈嵘,副所长为徐纬英、吴中伦。

4月10日,《人民日报》刊登陈嵘委员的发言《林业科学技术的新阶段》。

• 1961 年

4月,陈嵘《中国森林植物地理学》由人民教育出版社出版。

4月5至23日,林业所陈嵘所长、吴中伦副所长在北京饭店出席全国科学技术协会召开的科学技术协会委员会工作会议。

• 1962 年

3月,陈嵘《中国森林植物地理学》由人民教育出版社再版。

9月26至27日,国家科学技术委员会林业组主持召开林业组扩大会议,讨论《林业科学技术十年规划(草案)》。会上,林业所陈嵘所长就营林学科的规划发表了讲话。该规划的起草工作有林业所的多名科技专家参加,其中代表有陈嵘、吴中伦、徐纬英、侯治溥等。

12月,陈嵘任中国林学会第三届副理事长。

• 1963 年

年初,根据中国科协意见,中国林学会召开在京理事会议,决定在常务理事会下设4个专业委员会,即林业、森工、普及委员会和《林业科学》编委会,陈嵘任林业委员会主任委员,郑万钧任《林业科学》编委会主编。

10月20日,中国林学会第三届理事长李相符因病逝世,之后,由副理事长陈嵘代理事长。

是年,2011年12月15日陈植先生遗稿在《一代宗师陈嵘先生》一文载:

1963 年余受林业部科学研究所之邀赴京参加《中国林业史》编写工作之际，与先师朝夕相见，林科院院长郑万钧同志见先师平日生活太简，并在院内孤身独居，身旁并无家属照顾深感不安，托余代为致意请将师母接来以便改进生活。当春节往其哲嗣振树家中，适值先师卧病在床，当即以万钧同志意见转述，承告"后代教育要紧，自己生活一向简单，过得很好"，嘱以婉言代谢，余以深知先师一生勤俭，自奉甚薄，在宁工作数年间均孤身独居从未携眷。今虽年逾古稀迄未稍变，不便相强。后以《中国林业史》编写工作在京进行，缺乏条件，决计改变计划移宁进行，遂于三月中旬束装南归，向先师叩别，不料此行竟成永别，思之不胜痛悼[189]。

• 1964 年

6 月 22 日，中国林学会林木良种选育学术讨论会在北京科学会堂召开，陈嵘代理事长致开幕词。

• 1965 年

1 月，陈嵘当选为中国人民政治协商会议第四届全国委员会委员，中华人民共和国科学技术协会委员。

• 1966 年

是年，徐纬英任林业科学研究所副所长、主持工作。

• 1970 年

8 月，中国林业科学研究院撤销建制，一部分与中国农科院合并成立了中国农林科学院，一部分下放地方。

• 1971 年

1 月 10 日，上午 9 时陈嵘病逝于北京，享年 84 岁。陈嵘病危时，不忘国家林业事业，嘱其子将两万多卷藏书献给林科院图书馆，将 7.8 万元稿费和利息交

---

[189] 陈植. 一代宗师陈嵘先生 [N]. 南京林业大学校报电子版第 537 期，2011-12-15（01）.

给林业部作造林和科研经费，还嘱赠 600 元作绿化三社小学与建设三社林场之用。陈嵘先生著作甚丰，1918 年 12 月至 1919 年 10 月《中华农学会丛刊》（后改名为《中华农学会会报》）连载《中国树木志略》的基础上完成《中国树木学讲义》、1930 年出版《中国主要树木造林法》、1933 年出版《造林学概要》与《造林学各论》、1934 年出版《中国森林史略及民国林政史料》(此书于 1951 年及 1952 年两次再版，更名为《中国森林史料》)、1934 年出版《中国树木分类学》、1952 年出版《造林学特论》、1961 年出版《中国森林植物地理学》、1984 年出版遗著《竹的种类及栽培利用》9 部，撰写论文、文章 100 多篇。

● 1978 年

11 月 14 日，由中国林业科学研究院主持，在北京八宝山革命公墓，为陈嵘举行了骨灰安放仪式，表达了对一代林学宗师的敬仰和怀念。陈嵘骨灰一半置于家乡墓中，一半置于北京八宝山公墓。中国林学会在陈嵘先生骨灰安放仪式上的悼词《悼念陈嵘先生》原文为：原中国林学会代理事长陈嵘先生于 1971 年因病在北京逝世，终年八十三岁。陈嵘先生是我国林业科学教育事业的老前辈，他的逝世，是我国林业科教界的一大损失。陈先生是浙江省安吉县人，早年留学日本，并赴欧美学习，回国后历任浙江省甲种农校校长，江苏省第一农校林科主任，金陵补习学校及同伦中学校长，金陵大学森林系教授兼系主任。陈先生六十高龄时，欣逢新中国的诞生，他十分高兴，决心在有生之年，用自己的专长为新中国的林业建设贡献力量。他历任中国林学会代理事长，三届全国政协委员，中国林业科学研究院林业研究所所长，九三学社科技文教委员会委员，陈先生从事林业科教事业六十余年，热心培育我国林业科技、教育人才，他的学生遍及全国各地，堪称桃李满天下。陈先生有关林业方面的著述甚多，主要有《中国树木分类学》、《造林学概要》、《造林学特论》、《造林学各论》、《中国森林史料》等书。他的《中国树木分类学》是我国第一部系统地描述我国树木分类的著作，在国内外林业界享有一定的声誉，对我国树木学的研究、教学工作起了推动作用。陈先生拥护中国共产党的领导，拥护社会主义，陈先生在历次政治运动中重视自己的思想改造，努力学习马列主义和毛主席的著作。他老当益壮，勤奋治学，抓紧时间修订《中国树木分类学》和编写《中国森林植物地理学》等著作。他为人谦虚，生活俭朴，助人为乐，常在经济上资助青年学生购买书籍和接济他们生活上的困难。文革前他除负责林业科研领导工作外,还热心主持中国林学会的工作,积极开展林业学术活动,为普及、繁荣我国林业科学技术作出了成绩。他在病危时,还念念不忘林业事业,嘱其子女向领导反映,说他年老病重,无法亲自参加林业建设,将6万多元的稿费加上利息共78,000多元上交原农林部作为造林及科研经费,同时还将多年珍藏的大量国内外林业书籍献给中国林业科学研究院图书馆,供广大林业科技人员参考阅读。陈先生和我们永别了。在沉痛悼念陈先生的时刻,我们要学习他热爱祖国、热爱党、热爱林业事业,终身勤奋治学,为培养林业科技教学人才,为促进林业科学技术发展的献身精神;学习他谦虚谨慎,艰苦朴素,平易近人,助人为乐,诲人不倦的优良品质。让我们紧密地团结在以华主席为首的党中央周围,为加速发展我国科研事业,为建设四个现代化的社会主义强国而贡献一切力量。

● 1979 年

4月,《林业科学》1979年2期刊载中国林业科学研究院研究员、树木学家洪涛的文章《悼念陈嵘先生》。

是年,根据陈嵘的生前意愿,中国林学会常务理事会用其捐赠的近8万元稿费积蓄,设立了中国林学会奖励基金。

● 1984 年

7月,陈嵘《竹的种类及栽培利用》(石全太整理、梁泰然校阅),由中国林业出版社出版。

● 1985 年

2月,中国科学院学部委员、复旦大学校长、数学家苏步青在上海写《缅怀宗一陈嵘先生》七律一首:"忆昔金陵趋谒时,乡亲前辈亦吾师。十年树木珍标本,两袖清风旧布衣。北海道寒松柏劲,怀仁堂前电光迟。等身著作千秋在,犹自怀公有所思"。同时题:"宗一陈嵘先生颂 黉门遗泽 科苑留芳 后学苏步青敬撰"。现匾额悬挂在平阳县坎头的陈氏祠堂。

9月,陈嵘墓在安吉县晓墅镇石龙村鸡笼山坡筹建,年底竣工。墓地面积5亩,由纪念室、墓道、花台、墓台、墓体等组成。墓高2.5米,墓后用石块砌成的弧形靠壁高于墓体，上有"绿化祖国"4个大字。墓碑上书"陈嵘先生之墓"，系原林业部长罗玉川所题。纪念室内，有陈嵘铜像，并陈列其传略及部分著作、照片、信件等。

1986 年

5月，《湖州文史第四辑》刊登苏步青《缅怀宗——陈嵘先生》和陈振树《怀念父亲陈嵘》[190]。

1987 年

11月，《中国林学会成立70周年纪念专集（1917—1987）》刊登《中国林学会第三届理事会代理事长陈嵘传略》。原文为：中国著名林学家，林业教育家。字宗一，浙江省安吉县人。生于1888年，于1971年1月10日逝世，享年84岁。1906年赴日本留学，1913年毕业于日本北海道大学农科。1913—1914年任浙江甲种农业学校校长，1915—1922年任江苏省第一农业学校林科主任，1916年参加创办江苏省教育团公有林（今南京老山国营林场），作教学实践之用。于1917—1922年曾任中华农学会会长。1923年赴美国哈佛大学专攻树木学，获硕士学位。1924年赴欧洲各国考察林业，并在德国萨克森大学研究1年。1925—1941年和1941—1951年任金陵大学森林系教授，兼系主任。1949年中华人民共和国成立后，在1952年院系调整时任南京林学院筹备委员会主任委员，不久调往北京任中国林业科学研究所所长。1928年以后任历届中华林学会理事。1951年2月26日由陈嵘等倡议组织的中国林学会在北京成立，陈嵘连任第一、二、三届理事会副理事长，在李相符理事长去世后，担任第三届理事长的职务。陈嵘遗嘱将其全部藏书2万余册和稿费积蓄7.8万元人民币捐献给国家。1979年5月12日中国林学会常务理事会根据陈嵘的遗愿，决定用捐款设立中国林学会奖励基金。陈嵘先生的著作颇丰，1933年《造林学概要》与《造林学各论》出版；1934年《中国森林史略及民国林政史料出版》(此书于1951年及1952年两次再版，更名为《中国森林史料》，1982年修订，再版仍名为《中国森林史略》）；1934年《中国树木分类学》出版；1953年《造林学特论》出版；1984年又出版了陈嵘先

---

[190] 中国人民政治协商会议浙江省湖州市委员会文史资料委员会编.湖州文史（第四辑）[M].湖州：浙江省湖州市委员会文史资料委员会刊印，1986，27-36.

陈 嵘 年 谱

生生遗著《竹的种类及栽培利用》[191]。

11月,《中国大百科全书(农业1)》110页刊登周泽福撰写的陈嵘先生生平。原文为:陈嵘(1888—1971),著名林学家、林业教育家、树木分类学家,中国近代林业的开拓者之一。字宗一,浙江安吉梅溪镇石龙村人。1888年农历1月20日生,1971年1月10日去世。1906年入东京弘文学院日语班学习,1909年考入日本北海道帝国大学农林部,在日本加入中国同盟会。武昌起义前,受同盟会派遣,曾回国,与黄炎培等人潜入天津,从事民主革命活动。1913年毕业。回国,创办浙江省甲种农业学校,并任校长。1923年又赴美国哈佛大学专攻树木学,同年获硕士学位。1915年任江苏省第一农业学校林科主任。次年,参加创办江苏省教育团公有林(今老山林场前身),兼任技务主任。旋又兴办界于安吉、长兴两县的云野林业公司(今安吉龙山林场),安徽延平林社,南京九华山林场、青龙山林场和江苏句容下蜀林场等。1917年发起组织中华农学会,任第一届会长兼总干事长。1922年,陈嵘赴美国哈佛大学研究树木学,次年获理学硕士学位。1924年赴欧洲考察各国林业,并在德国萨克森大学研究一年。1925年回国,任南京金陵大学农学院教授、森林系主任。抗日战争期间,留守金陵大学,利用校园收容难民数万人,还为失学青年举办金陵补习学校和同伦大学,任校长。抗日战争胜利后至1951年,继任金陵大学林学系教授兼系主任。1952年,高等院校调整时,任南京林学院筹备委员会主任委员。不久,任中国林业科学研究所所长、一级研究员,发起创办中国林学会,任第一至三届副理事长,第三届代理事长。1957年,出访苏联、民主德国。是第三届全国政协委员,九三学社科技文教委员会委员。通晓日、英、德、法、俄、拉丁等文字和语言,毕生致力于树木分类学、造林学、林业史的教学与研究,是我国现代林业的开拓者之一。陈嵘是中国近代林业科学奠基人之一,在树木学、造林学和林业史科研和教学方面做了大量工作。多次深入湖北神农架、四川峨嵋山和云贵边境采集标本。从1916年创办江苏省教育团公有林(今老山国营林场)以来,先后参与创办了浙江云野林业公司(现龙山林场)等7处,并亲自领导植树造林。1937年问世的《中国树木分类学》是中国第一部树木学专著,1933年所著《造林学概要》、《造林学各论》,是中国第一批近代造林学专著。其它著作有《中国森林史料》、《中国森林植物地

---

[191] 张楚宝. 缅怀林学会两位奠基人凌道扬姚传法,中国林学会主编,中国林学会成立70周年纪念专集(1917-1987)》[M]. 北京:中国林业出版社,1987,15-18,64.

理学》《竹的种类及栽培利用》等。1979年中国林学会常务理事会根据陈嵘的遗愿，用其捐赠的稿费积蓄设立了中国林学会奖励基金[192]。

1988 年

1月，《林业科学》1988年1期刊登吴中伦的《怀念陈嵘老师》和洪涛《一代宗师 风范长存——怀念我国现代林业科学创始人陈嵘教授》两篇纪念文章。

2月，中国林学会主编《陈嵘纪念集》由中国林业出版社出版。中国科学院学部委员、北京农业大学校长、植物病理学家俞大绂在《缅怀前辈陈嵘先生》一文中写到：本世纪二十年代末到三十年代初陈先生和我同执教于前金陵大学农学院。我们都住在教员宿舍内，并是邻居又同桌吃包饭，因而对陈先生的治学方法和处世之道，有所了解。陈先生是一位虔诚的基督教徒，他每星期日清晨，风雨无阻地步行20余里到下关去做礼拜，下午再走回学校。我曾问他为什么不在学校内参加祷告而一定要去下关，据他说一则是因为教会关系在下关，再则是坚持步行锻炼身体[193]。

2月，陈嵘同乡后辈陈燕生在《记陈嵘先生数事》一文中回忆：1947年我到南京市立第一中学读书，陈嵘也在南京，星期天常去看他老人家。他是一位虔诚的基督徒，所以他常要我和他一起去做礼拜。他对我说："作为一种知识吸收，或者接受耶稣的爱，并用以处世律己都是好的。在他生活的十数年中，他就是这样用基督徒所特有的'爱'来律己待人的。"[194]

3月1日，陈嵘诞辰100周年，在北京科学会堂，由林业部、九三学社、中国林学会、中国农学会、中国林业科学研究院、南京林业大学和浙江省安吉县政协联合举行了纪念会，会后中国林学会出版了《陈嵘纪念册》。同日，中国林学会决定用陈嵘先生的捐款设立"陈嵘奖"，每3年一次奖励在林业科学、林业建设中做出成绩的人。

1989 年

1月，首届陈嵘奖的颁奖仪式在中国林学会第七届代表大会上举行。为促进

---

[192] 中国大百科全书总编辑委员会. 中国大百科全书（农业1）[M]. 北京：中国林业出版社，1990，110.
[193] 俞大绂. 缅怀前辈陈嵘先生，陈嵘纪念集[M]. 北京：中国林业出版社，1986，7-9.
[193] 陈燕生. 记陈嵘先生数事[M]. 安吉县政协文史委编. 纪念陈嵘先生专辑（纪念陈嵘先生诞辰一百周年），安吉：安吉县政协文史委，1988，43-47.

陈 嵘 年 谱

林学会各项工作在面向经济建设方针的指引下,切实提高学术交流水平,促进科学技术普及,鼓励科技工作者积极向党和政府提出建议,以利林业建设和林业科学的加速发展,中国林学会决定在其奖励基金会内,专门设立以我国著名林学家陈嵘命名的奖励——陈嵘奖。依据陈嵘奖宗旨,授奖项目分为学术、科普、建议和学会工作等四个类别。首届陈嵘奖的评选工作于1988年11月28日结束。

● 1990 年

9月,中国林业人名词典编辑委员会《中国林业人名词典》(中国林业出版社)陈嵘生平[195]:陈嵘(1888.3.2—1971.1.10),林学家,林业教育家。祖籍浙江省平阳人,出生地浙江安吉,字宗一。1913年毕业于日本北海道帝国大学林科,1923年在美国哈佛大学进修树木学,获科学硕士学位。1924年到德国萨克逊大学从事研究一年后回国。1913年任浙江省甲种农业学校校长,后任江苏省第一农业学校林科主任,金陵大学森林系教授,系主任。是中华农学会的发起人之一,并当选为第一届会长兼总干事长,中华林学会历届理事。建国后,历任任命为1953年加入九三学社。是第三届全国政协委员,九三学社科技文教委员会委员,中国林学会第一、二、三届副理事长,第三届代理理事长。毕生致力于树木分类学、造林学、林业史的教学与研究。临终前将二万卷珍贵藏书献给献给中国林业科学研究院,七万八千稿费捐给中国林学会,作为科研奖励基金。从1917年《中国农学会会报》第一期开始,陆续发表了《中国树木志略》,连载7年,前后约30期。著有《中国树木分类学》、《造林学各论》、《造林学特论》、《中国森林史料》等。对我国林业科研教育作出了重大贡献。

● 1991 年

1月,由中国科学技术协会编、中国科学技术出版社出版的《中国科学技术专家传略》(农学编·林业卷)刊登陈振树陈嵘传略《中国树木分类学的奠基人——陈嵘(1888—1971)》,传略称:陈嵘,著名林学家、林业教育家、树木分类学家,中国近代林业的开拓者之一。毕生从事林业教学、林业科学研究和营林实践工作,培养了大批林业人才;早年创办多处林场,并亲自参加植树造林活动,为

---

[195] 中国林业人名词典编辑委员会. 中国林业人名词典[M]. 北京:中国林业出版社,1990,159-160.

陈 嵘 年 谱

中国林业教学实践和造林绿化事业作出重大贡献。他对树木分类学、造林学的研究，有突出成就，被公认为中国树木分类学的奠基人。一生著述甚丰，其中《中国树木分类学》、《造林学本论》、《造林学各论》和《造林学特论》等著作，学术性、实用性都很高，受到国内外林学界人士高度称赞。

● **2002 年**

是年，安吉《陈氏宗谱》4 页载：陈嵘，讳陈嵘，字汝峥，学名嵘，号宗一。

是年，《安吉县梅溪镇总体规划》提出"建设陈嵘森林公园，形成具有人文历史内涵的生态园林景区。"

● **2004 年**

是年，《安吉县梅溪镇石龙村生态建设规划》将"陈嵘故里"作为一项旅游开发项目提出，"陈嵘故里"已成为安吉县重要名和历史遗迹之一。

● **2005 年**

11 月 9 日，由浙江林学院园林设计院、县发改委、林业局、水利局、环保局、国土局、旅游局、建设局等单位和部门有关领导和专家组成的评审组对陈嵘陵园生态区总体规划进行评审，对陈嵘墓地及其周边进行规划。

● **2007 年**

7 月 12 日，中国林学会成立 90 周年纪念大会在人民大会堂隆重举行，国务院副总理回良玉出席纪念大会，中国林学会理事长江泽慧致开幕词，她在开幕词中两次讲到陈嵘先生。一是"中国林学会在 90 年的历史进程中，历经风雨，几经起伏，经历了三个重要时期。第一个时期是 1917 年成立的中华森林会。一批我国近代林学的开拓者凌道扬、陈嵘等人，本着'集合同志，共谋中国森林学术及事业之发达'的宗旨，在南京发起成立了我国第一个林业学术团体中华森林会。创办学术期刊《森林》，普及林业科学知识，开启了我国近代林学和林业社团发展的新纪元"；一是"中国林学会从艰苦创建到快速发展的 90 年，是我国近代林业从开创到完善，并向现代林业发展的 90 年，是几代林业科技工作者不断追求科学真理、锐意科技创新的 90 年，是学会事业和学会会员不断经受考验、不断

陈 嵘 年 谱

发展壮大的 90 年。值此机会，我们向那些为林学会的创建，为林业科教事业发展作出历史性贡献的凌道扬、姚传法、梁希、陈嵘、郑万钧等已故的老一辈林业科学家，表示深切的怀念……"[196] 这两段提到了两个关键词，一是"我国近代林学的开拓者"，一是"历史性贡献"。

● 2014 年

4 月 3 日，《温州日报》刊登陈先清的纪念文章《林学泰斗陈嵘》[197]。

● 2015 年

2 月 23 日，平阳县南雁镇雁山村举办坎头文化礼堂、陈嵘纪念馆暨陈氏宗祠落成仪式。陈嵘纪念馆改建工程历时 3 年，占地面积 3000 平方米，建筑面积 2000 平方米，总造价 1500 万元左右，大部分资金为民间捐献，新落成的纪念馆内陈设有著名林学家陈嵘的生平事迹展板以及个人用品。

● 2016 年

6 月 17 日，《湖州日报》刊登范一直《陈嵘何以"三不朽"》一文，文中写到：古有"立德、立功、立言""三不朽"一说，这是传统文化语境中对人物的最高评价。安吉现代乡贤、林学家陈嵘，综观其一生事迹和业绩，堪称"三不朽"也。陈嵘作为普通农家弟子，从浙南平阳来安吉的移民后代，支撑其"三不朽"人生的，主要是什么精神？他仰承了中华传统美德，并葆有农家子弟的优良品性，作为虔诚的基督徒，在修为上多合西方宗教文明。这样的人物，也许只有在民国才会出现 [198]。

● 2017 年

11 月，浙江省林业厅发文新命名 4 个省级森林公园，其中安吉陈嵘省级森林公园位于安吉县梅溪镇石龙村，经营面积 117 公顷，其中林地面积约 110.87 公顷，公园主要依托陈嵘先生故里、墓地及其引进栽植的湿地松林而申报设立，

---

[196] 江泽慧在中国林学会成立 90 周年纪念大会上致开幕词 [EB/OL]. [2009-05-22]. http：//www.csf.org.cn/html/zhuanlan/zhongguolinxuehuitongxun/2009/0522/2749.html.
[197] 陈先满. 林学泰斗陈嵘 [N]. 温州日报，2014-4-3(9).
[198] 范一直. 陈嵘何以"三不朽" [N]. 湖州日报，2016-6-17(A08).

人文景观资源突出。

12月12日上午，中国农学会在人民大会堂举行中国农学会成立100周年回顾活动，中共中央总书记、国家主席、中央军委主席习近平致信祝贺中国农学会成立100周年。贺信中说"中国农学会是我国历史悠久的农业学术性群众团体，是中国近现代农业科技发展的亲历者和推动者。"在回顾中国农学会百年中讲到：今天的中国农学会，是一个有34个分会（专业委员会），拥有30万会员的农业综合性和学术性社会公益团体。中国农学会前身是中华农学会，1917年1月，由我国最早留学回国的农学家陈嵘、王舜臣、过探先等在上海教育会堂发起并成立，张謇任名誉会长，陈嵘为第一任会长[199]。

---

[199] 百年沧桑创佳业 躬行大地谱华章——写在中国农学会成立100周年之际 [EB/OL]. [2017-12-14]. http：//www.caass.org.cn/agrihr/xhdt41/43640/index.html.

梁希年谱

梁希（自中国林学会）

梁 希 年 谱

- **1883 年（清光绪九年）**

　　12 月 28 日（农历十一月二十九日），梁希（Liang Xi，Liang H）生于浙江省吴兴县（现湖州市南浔区）双林镇一个书香门第家庭，原名曦，字索五；后改名为希，字叔五（或叔伍），笔名凡僧、一丁、阿五等。梁希少时在私塾读书，之后于蔡声白在双林创办的蓉湖书院读书。梁希父亲梁枚，1865 年科试及第，1877 年中选举人，参加典试，以丁丑进士受封翰林院庶吉士，出任江苏宝应县知县，晋直隶知州。梁希兄妹五人，长兄梁煜、二兄梁炘、姐梁娥、妹梁晨，梁希排行老四。

- **1899 年（光绪二十五年）**

　　是年，梁希 16 岁，己亥科府学入选秀才。

- **1902 年（光绪二十八年）**

　　是年，梁希与双林镇宿儒姚兰苹之女结婚。

- **1905 年（光绪三十一年）**

　　是年，梁希入选浙江武备学堂（位于杭州蒲场巷，今大学路），一年卒业，以体格不合，不能选为军官。

　　是年，长子梁垚（后改名震）出生。

- **1906 年（光绪三十二年）**

　　是年，梁希因在校成绩优异，被选派前往日本留学，在东京文书院预科学习一年。

- **1907 年（光绪三十三年）**

　　是年，梁希被选送入日本士官学校海军科学习，被选拔为班长，是年冬受章太炎等民主革命家的思想影响，梁希与同乡陈英士（其美）一同加入孙中山在东京建立的中国同盟会。

- **1908 年（光绪三十四年）**

    是年，次子梁超出生。

- **1909 年（宣统元年）**

    8 月，梁希入第八高等学校（名古屋大学旧制）农科学习。

- **1912 年（民国元年）**

    是年，梁希回国参加辛亥革命，在浙江湖属军政分府从事新军训练。

- **1913 年（民国二年）**

    是年，梁希返回日本东京帝国大学农学部林科学习。

- **1916 年（民国五年）**

    6 月，《国立北京农业专门学校杂志》创刊，路孝植撰《弁言》。

    7 月，梁希毕业回国，北京政府选派他任奉天安东（今辽宁丹东市）中日合办的鸭绿江采木公司技师。

    8 月，梁希任北京农业专门学校教员兼林科主任（至 1923 年，历时 7 年）。

- **1917 年（民国六年）**

    5 月，《国立北京农业专门学校杂志》第 2 期附录 5 页《国立北京农业专门学校校友会全体会员录》载：梁希，字叔五，33 岁，浙江吴兴，西城锦什坊街南头路东一零四号益处。

- **1918 年（民国七年）**

    6 月，《国立北京农业专门学校杂志》第 3 期附录 5 页《国立北京农业专门学校校友会全体会员录》载：梁希，字叔五，33 岁，浙江吴兴，西城锦什坊街南头路东一零四号益处。

- **1921 年（民国十年）**

    是年，梁希夫人姚氏病故，此后再未续娶。

梁希年谱

● **1923 年（民国十二年）**

1 月，梁希自费赴德国萨克逊邦林学院（现为德累斯顿大学林学系）进修林产化学和木材防腐学，历时 4 年。

3 月，国立北京农业专门学校改为国立北京农业大学，以"改进农业及农民生活，培养各种农业专门人才，期与农民通力合作，蔚成农村立国"为新的办学宗旨。

● **1927 年（民国十六年）**

8 月，国立北京农业大学改名为京师大学校农科。

9 月 5 日，中华农学会杭州第十届年会通过筹设农学研究所案，将"筹设高等农学机关"正式列为章程的九大事业之一，意味着从制度层面确立研究所的重要地位。

9 月，梁希回国任北京农业大学教授兼森林系主任。

● **1928 年（民国十七年）**

2 月 14 日，中华农学会与德商化学肥料公司合作，在上海创办农学研究所，许璇当选农学研究所所长。生产部、经济部也遂告成立，并确定各部人事，梁希任生产部主任兼研究员，陈方济任研究员，周汝沆为技术员，王志鹄、厉熙勤为助理员，孙尚良为会计员；黄枯桐为经济部主任，发行农业经济杂志，专载农政、农村和农民各项重要问题，并拟向欧美及日本各国捐募图书，设立图书馆等[200]。

11 月，国民政府改北京为北平，实行大学区制，将北京国立九校合并组建国立北平大学，国立北京农业大学旋即改为国立北平大学农学院。

11 月 30 日，梁希《中秋次俞寰澄韵》、《湖心亭》、《偕友游西湖》、《旅馆闻木犀》、《丑奴儿忆旧》5 首诗在《国立中央大学农学院旬刊》1928 年第 9 期 7 页刊登。

12 月 20 日，梁希《南通盲哑学校》诗 1 首、《南歌子》词 1 首在《国立中央大学农学院旬刊》1928 年第 11 期 7 页刊登。

12 月，梁希译《农学与农业》刊于《中华农学会报》1928 年第 64、65 期

---

[200] 杨瑞. 中华农学会与现代农学研究机构的创设 [J]. 学术研究，2011(05)：117-124.

23～29 页。

● 1929 年（民国十八年）

4 月，梁希译《施肥问题》刊于《中华农学会报》1929 年第 67 期 55～69 页。

6 月，梁希应浙江省建设厅程振钧厅长之请，兼任建设厅技正，以一年时间，负责调查全省山林概况，自夏至冬，踏遍杭、湖、宁、绍、台各州县的山山水水，先后发表了《两浙看山记》、《对于浙江旧泉唐道属创设林场之管见》、《西湖可以无森林乎》等调查报告和文章，对浙江的林业建设和杭州西湖的造林绿化提出许多中肯的意见。

7 月 1 日，梁希南下杭州，受聘任浙江大学农学院森林系主任，筹创森林化学试验室。

10 月，梁希《民生问题与森林》刊于《林学》1929 年（创刊号）11～18 页。

10 月，梁希《西湖可以无森林乎》刊于《中华农学会报》1929 年 70 期 55～56 页。

10 月 20 日，梁希诗 2 首《咏天目古杉寄视鰓承》和《登天目山有感》在《国立中央大学农学院旬刊》1929 年第 32 期 10 页刊登。

● 1930 年（民国十九年）

3 月 31 日，梁希诗 14 首在《国立中央大学农学院旬刊》1930 年第 45 期 16 页刊登。

● 1931 年（民国二十年）

1 月 17 日，在南京召开中华林学会三届理事会，凌道扬为第三届理事会理事长，姚传法、陈雪尘、梁希、康瀚、陈嵘、黄希周、高秉坊、李蓉、凌道扬为理事。

6 月，梁希《两浙看山记》在《中华农学会报》1931 年 89 期 5～31 页刊登。

7 月，梁希《对于浙江旧泉唐属创设林场之管见》在《中华农学会报》1931 年 90 期 7～15 页刊登，文中主张在杭州、湖州两地区的河流上游，建立 3 个林场（东天目林场、于潜林场和西湖林场），对设立林场的理由、地点、涉及测量、造林方式方法做了详细的论述。

12月1日，梁希《植树与人生》刊于《安徽农学会会报》1931年第2期34~103页。

● **1932年（民国二十一年）**

4月，梁希《日本近来试行木炭汽车之成绩》刊于《中华农学会报》1932年98、99期14~33页。

5月，曾济宽任国立北平大学农学院院长。

8月，周桢应邀回到北京出任国立北平大学农学院森林系教授，兼系主任及林场场长，讲授森林经理学、测树学、林价计算和较利学等课程。

● **1933年（民国二十二年）**

4月，郭任远任国立浙江大学校长。

8月，梁希与金善宝、蔡邦华、朱凤美等60余位教师因不满浙江大学校长郭任远的独断专横，纷纷辞职离校。

8月13至16日，中华农学会第十八届年会在杭州浙江大学农学院召开，出席会议162人，宣读论文66篇，梁希被选为中华农学会第四任会长。

8月，梁希应中央大学农学院院长邹树文之邀，正式到中央大学森林系任教，直到1949年南京解放，历时16年。

● **1934年（民国二十三年）**

11月，梁希《中华农学会报·森林专号》弁言刊于《中华农学会报》第129、130期合刊，同期，梁希、王相骥《松脂试验》刊于124~178页。

11月，梁希读广东中区模范林场傅思杰所著的《广东试行兵工造林第一年之纪述》和中央模范林区管理局凌道扬的《一九三三年美国林业之新设施》后，完成感想《读凌傅二氏文书后》，刊登于《中华农学会报》1934年第129~130期合刊第13页[201]。

12月，梁希《青苗钱与农民银行》刊于《浙江省建设》1934年第12期6~10页。

---

[201] 梁希.读凌傅二氏文书后//《梁希文集》编辑组.梁希文集[M].北京：中国林业出版社，1983：50.

1935年（民国二十四年）

3月，内田亨著，梁希、沙俊译的《生物之相互关系 上》（100页）、《生物之相互关系 下》（242页）由商务印书馆出版。

4月，梁希《洋纸和人造丝的原料问题》刊于《江苏月报》1935年第4期60~62页。

7月，梁希《黄垆旧话》在《中华农学会报》1935年138期153~168页刊登，同期梁希《题许叔先生纪念刊后》刊于194页。

10月，梁希《樟脑（樟油）制造器具之商榷》在《中华农学会报》1935年140、141期103~119页刊登。

12月，梁希、张楚宝《几种油桐种子之油量分析》在1935年国立中央大学《农学丛刊》1935年3卷1期140~149页刊登。

1936年（民国二十五年）

2月，中华林学会第四届理事会举行，凌道扬为第四届理事会理事长，李寅恭、胡铎、高秉坊、陈嵘、林刚、梁希、蒋蕙荪、康瀚、凌道扬为理事。

10月，梁希、王相骥《木素定量》在《中华农学会报》1936年第153期1~21页刊登。

11月，梁希讲述《树皮与木粨》在《农林新报》1936年13卷35期960~963页刊登。

12月，梁希《近世甲醇定量之新方法》在1936年《林学》第6号153~168页刊登。

1937年（民国二十六年）

2月，梁希《德国采脂（松脂）之新方法》在《中华农学会报》1937年3月157期98~106页刊登。同期，梁希《盐酸刺激法所得松脂之性质》在107~113页刊登。

6月，梁希《木材制糖工业（即木材制造食粮）》在《中华农学会报》1937年6月161期51~60页刊登。

7月，梁希摘录《关于"二次乙二氧化物"之分解云杉材与天然木素组成之研究》刊于《中华农学会报》1937年第158期96~99页。

梁　希　年　谱

12月，国民党政府迁都重庆，国立中央大学同时迁往重庆沙坪坝。

• 1938年（民国二十七年）

是年秋天，国立中央大学号召向前线战士捐献寒衣，金善宝与梁希教授商量后再次赶到八路军办事处捐赠。

• 1939年（民国二十八年）

3月，梁希应农林部之邀撰写的《造林在我们自己的国土上》刊于《广播周报》1939年163期。

8月，梁希、周慧明《中国十四省油桐种子分析》刊于《中华农学会报》1939年167期29～52页。

• 1940年（民国二十九年）

1月，梁希、陶永时、郑兆松《重庆木材干馏试验》刊于《中华农学会报》1940年168期。

2月，梁希、周光荣《川西（峨眉、峨边）木材之物理性》刊于《中华农学会报》1940年第171期1～49页。同期，梁希、周慧明《中国十四省油桐种子分析第二报》刊于95～97页。

4月，梁希、周慧明《桐油抽提试验第一 桐油之溶解度》刊于《中华农学会报》1940年第172期45～92页。

11月，梁希《因造林运动 到伐木公司》刊于《广播周报》1940年28页。

• 1941年（民国三十年）

1月，由梁希推荐，郝景盛到重庆中央大学森林系任教授，讲授造林学、树木学、森林立地学等课程。

6月3日，教育部《部聘教授办法》通过颁行，办法规定：在大学任教十年以上，声誉卓著，具有特殊贡献的教授，经审议会2/3以上通过，可为部聘教授，任期5年，可续聘。

7月，农林部中央林业实验所成立，聘请梁希中央林业实验所兼任技正和林产利用组主任。

6月,梁希《用唯物辩证法观察森林》刊于《群众》1941年6月5~6页。

● 1942年(民国三十一年)

8月,全国大学共有30名教授被遴选为中华民国教育部第一批部聘教授,梁希作为国立中央大学林科教授入选[202]。

10月7至8日,中华农学会二十五届年会在重庆沧白纪念堂召开,出席会议327人,宣读论文61篇,邹秉文被选为第五任会长。

● 1943年(民国三十二年)

12月28日,梁希60寿辰时,周恩来等领导人在《新华日报》社为他举办祝寿酒会。周恩来在祝酒时说:"中国需要科学家,新中国更需要科学家,不管道路如何曲折,新中国总要到来。现在是举步维艰,到那时就大有用武之地了。"[203]

12月,《梁希主席开会辞》刊于《中华农学会通讯》1943年第12期4~8页。

● 1944年(民国三十三年)

4月,梁希、周光荣《竹材之物理性质及力学性质初步试验报告》在《林学》1944年3卷1期刊登。

同年,梁希、周光荣等编著的《竹材之物理性质及力学性质初步试验报告》(22页)由中央工业实验所刊印。

● 1945年(民国三十四年)

2月,重庆文化界以郭沫若为首,草拟《陪都文教界对时局进言》,反对内战,反对投降,反独裁,争民主,要求成立有中国共产党参加的民主联合政府,梁希在《进言》上签了名。

7月1日,中国科学工作者协会于重庆沙坪坝正式成立,竺可桢任理事长,梁希任副理事长,李四光任监事长,涂长望任总干事,干铎任事务干事,谢立惠

---

[202] 涂文记.民国时期部聘教授制度及其历史意义[J].教育与考试,2010(01):72-75.
[203] 黄枢.周总理关注中国林业二三事[EB/OL].[2011-08-04]. http://culture.ts.cn/content/2011-08/04/content_6049157.htm.

任组织干事。该会是在周恩来指导和帮助下,由自然科学座谈会成员为主发起成立的。

7月1日,"中国科学工作者协会"在重庆沙坪坝借中央大学召开成立大会的机会,公推任鸿隽为大会主席,涂长望、潘菽报告筹备经过,中国科学社代表张孟闻、中华自然科学社代表沈其益、中华农学会代表梁希、中国工程师学会代表顾毓瑔分别致辞,英国科学工作者协会会员、李约瑟夫人李大斐(Dorothy Needham)报告英国科学工作者协会的情况并致贺词[204]。

8月,吴中伦赴美留学前,梁希赠诗:"大火西流七月光,碧天无语送吴郎,定知三载归来后,苍海茫茫好种桑。"

9月3日,日本签字投降正式生效。国民政府定是日为抗战胜利纪念日。这不仅标志着抗日战争的胜利,而且标志着世界反法西斯战争的全面胜利。在举国欢庆的日子里,九三学社的前辈们举行聚会,决定正式成立九三座谈会。

9月10日,毛泽东在重庆会见了许德珩、劳君展夫妇,这次会见对九三学社的正式建立有决定性的影响。在重庆期间,毛泽东还会见了褚辅成、梁希、潘菽、张西曼、金善宝、涂长望、谢立惠、干铎、李士豪等人。

● 1946年(民国三十五年)

1月1日,梁希为中央大学森林系系刊《林钟》写复刊词。梁希向务林人提出了著名的敲击"林钟"号召:"林人们,提起精神来,鼓起勇气来,挺起胸膛来,举起手,拿起锤子来,打钟,打林钟!","一击不效再击,再击不效三击,三击不效,十百千万击。少年打钟打到壮,壮年打钟打到老,老年打钟打到死,死了,还要徒子徒孙打下去。林人们!要打得准,打得猛,打得紧!一直打到黄河流碧水,赤地变青山"。

5月4日,九三学社筹备会经过4个多月的积极工作,在重庆青年大厦召开了九三学社成立大会。会议选举潘菽、张雪岩、褚辅成、许德珩、税西恒、吴藻溪、黄国璋、彭饬三、王卓然、孟宪章、张西曼、涂长望、李士豪、笪移今、张迦陵、严希纯16人为理事;卢于道、詹熊来、刘及辰、何鲁、侯外庐、黎锦熙、梁希、陈剑鞘8人为监事。大会发表成立宣言,提出八点基本主张和三点对时局

---

[204] 韩晋芳. 中国科学工作者协会溯源[J]. 学会, 2015(11): 21-27.

主张，刊载在 1946 年 5 月 6 日《新华日报》上。

5 月 12 日，九三学社理监事第一次联席会议召开。会议讨论了社务和时局，决议设总社于京、沪区，设分社于重庆、武汉、成都、昆明、香港、广州、北平、天津及伦敦等地；推举褚辅成、许德珩、税西恒、张雪岩、潘菽、黄国璋、吴藻溪为常务理事；梁希、卢于道、詹熊来为常务监事。

8 月 1 日，梁希《一个学术工作者的自招》刊于《中国学术》1946 年第 1 期 8～20 页。

8 月，吴有训出任中央大学校长，师生分八批抵达南京，梁希、潘菽、张西曼、金善宝、涂长望等相继随中央大学由重庆迁回南京。11 月 1 日中央大学在南京开学，时中央大学全校设文、法、理、农、工、医、师范 7 个学院，为全国院系最全、规模最大的大学。

9 月，陈嵘、梁希、姚传法、皮作琼应台湾行政长官之邀，赴台湾台考察林业。

● 1947 年（民国三十六年）

是年春，《新华日报》准备开辟《自然科学》副刊，周恩来同志要求参加"自然科学座谈会"的 5 位同志负责编辑《新华日报》的《自然科学》副刊，梁希是其中之一。

9 月，梁希《日本人在台湾留下的礼物》刊于《文汇丛刊》1947 年第 6 期 24～25 页。

11 月，中华全国自然科学工作者代表会议筹备委员会南京区分会成立，梁希被选为理事长。

● 1948 年（民国三十七年）

1 月，Liang, H.（梁希），Chow, K. Y.（周光荣），and Au, C. N.（区炽南）的《Properties of a living fossil wood Metasequoia glyptostroboides Hu et Cheng》（活化石（水杉）木材之研究）刊于《Nat. Cent. Univ. Nanking, China》1948 年第 1 期 1～4 页。

4 月 29 日，在南京的九三学社社员梁希、潘菽、涂长望等以中国科学工作者协会的名义，给《观察》周刊寄抗议书，抗议国民党北平市党部迫害 3 教授。

4月，梁希，朱慧方《台湾林业视察后之管见》在《台湾林产通讯》1948年2卷3期刊登。

5月4日，九三学社南京社员梁希、潘菽、金善宝、涂长望、干铎等，参加南京各大专院校纪念"五四"营火晚会，梁希作讲演，指出："天色就要破晓，曙光即将到来！"

8月，殷良弼编、梁希校《中等林学大意》（112页）由上海中华书局出版。

9月，《科学时代》1948年第9期刊登黎集的文章《中国林学的导师——梁希先生》，文中称赞梁希是"追求日新的白发青年"，赞扬他淡泊的胸襟、正直的气概、朴实无华的生活，称他"永远是年轻的"。

11月1日，梁希《科学与政治》刊于《科学工作者》1948（创刊号）2～8页。

● 1949年（民国三十八年）

1月31日，中央大学教授会推选梁希、胡小石、郑集等3位教授为校务维持委员会常委。

4月5日，梁希到达上海，随即搭乘外轮去香港，再从海路经由天津，于5月初抵达已经解放了的北平，参加6月召开的中国人民政治协商会议筹备会。

7月1日，在喜庆解放后的南京，88个文教科学技术单位的代表参加了中国科学工作者协会南京分会第三届大会，梁希主持大会并被选为理事长。

7月13日，中华全国科学工作者代表会议筹备会在北京原中法大学礼堂隆重举行，周恩来、朱德、林伯渠、郭沫若、茅盾、叶剑英等同志参加了大会，梁希被选为主席团成员之一，吴玉章和梁希、李四光、侯德榜等分别当选为正副主任，同时，梁希又被选为中国人民政治协商会议科学界的15名代表之一[205]。

8月8日，中央大学改为南京大学。

8月10日，南京市军管会文化教育委员会决定组织南京大学校务委员会，任命梁希为校务委员会主席。梁希、潘菽、张江树、涂长望、钱钟韩、谢安祜、胡干善、金善宝、干铎、蔡翘、高学勤、胡小石、楼光来、吴传颐、韩儒林、陈鹤琴、熊子容、陈谦骥（讲师代表）、管致中（助教代表）及学生代表二人为国立南京大学校务委员会委员。

---

[205] 樊洪业."中华全国第一次自然科学工作者代表大会筹备会"留影[J].中国科技史杂志，2013，4（1）：74-77.

9月4日，梁希在《新华日报》发表《共产党经得住考验》一文。

9月21日，梁希作为科学界的代表，出席中国人民政治协商会议第一届全国委员会，任提案审查委员会委员，梁希提议成立林垦部[206]。

10月1日，中华人民共和国在北京成立，许德珩、梁希、卢于道等应邀登上天安门城楼，参加中央人民政府成立典礼。同日，中央人民政府林垦部成立。

10月3日，中国人民保卫世界和平委员会成立，主席郭沫若，副主席刘宁一、蔡畅、廖承志、沈雁冰、马寅初，梁希等140人为委员。

10月9日，中国人民政治协商会议第一届全国委员会第一次会议选举产生常务委员，梁希当选为常务委员。

10月19日，中央人民政府委员会第三次会议通过，梁希任政务院财政经济委员会委员。

10月19日，中央人民政府委员会举行第三次会议，任命梁希为林垦部部长，李范五、李相符为副部长。

10月28日，梁希在林业座谈会上的报告《目前的林业工作方针和任务》，后收录于1983年出版的《梁希文集》第194～206页。

• 1950年

1月，周恩来、梁希《中央人民政府政务院发布 全国林业工作指示》刊于《云南政报》1950年第1期78～79页。

2月28日至3月8日，在全国首次林业业务会议上，确定林业工作的方针和任务是：普遍护林，重点造林，合理采伐和合理利用。

3月19日，梁希《这一次的春季造林》在《人民日报》第2版刊登。

3月26日，九三学社恢复了中央理事会，举行第一次理事会。许德珩报告工作，推举许德珩、梁希、黄国璋、薛愚、孟宪章为常务理事，决定常务理事会每两周开会一次，理事会每月一次。

6月1日至9日，教育部召开第一次全国高等教育工作会议，讨论改造高等教育的方针和新中国高等教育的建设方向，会议提出要调整院系，进行专业设置教学改革。林业部部长梁希先后向周恩来、陈云、李先念、薄一波等党和国家领

---

[206]《人民日报》[N]. 1949-9-23（2）.

导人提出建立北京林学院等倡议，得到中央领导的支持。

7月8日，梁希《中国林业》发刊词在《中国林业》1950年1卷1期刊出，同期，梁希《这一次的春季造林》在12～13页刊登。

7月21日，梁希为《中国科学工作者协会南京分会会员录》题词。

7月，《梁希部长在一九五○年华北春季造林总结会议上的报告》刊于《中国林业》1950年第1卷第2期9～16页。

8月18日，全国自然科学工作者代表会议在清华大学礼堂揭幕，全国理工农医四个方面近4万名科学工作者的代表400多人出席了会议，吴玉章同志致开幕词，周恩来总理、朱德副主席都到会讲了话。会议历时7天，梁希致闭幕词。大会选举产生了"中华全国自然科学专门学会联合会"（简称"科联"）和"中华全国科学技术普及协会"（简称"科普"），李四光、梁希分别当选为科联和科普的主席。

9月初，梁希部长率领6位林业科技人员考察秦岭林区，之后赴渭水和小陇山林区（在甘肃天水专区）调查，并与当地干部反复磋商一个事关子孙后代的林业方针问题。离开小陇山的时候，林场场长魏辛请梁希题词，梁希题："却愿所来径，苍苍横翠微"。西北考察期间，梁希写有《西北纪行》诗35首，记录了考察途中的见闻与感想。22日在西安"西北农业技术会"上作《我们要用森林做武器来和西北的沙斗争》的报告，在西安期间与西北军政委员会主席彭德怀多次交换对林业工作的意见。

10月11日，梁希部长到西北勘查小陇山林区工作完毕，返抵首都，此行解决了该林区是否值得开发问题，并对西北林业建设提供两点建议。

11月，梁希《我们要用森林做武器来和西北的沙斗争》刊于《中国林业》1950年第1卷第5期2～4页。

11月，林垦部调集中国林学家和苏联专家组成一个庞大调查组，由陈云带领，梁希和李范五随同到海南考察橡胶资源。

12月1日至5日，九三学社召开第一次全国工作会议，大会选举产生了第二届中央理事会，许德珩任主席，梁希任副主席，黄国璋任秘书长，方亮、李毅、叶丁易任副秘书长，黄国璋、薛愚、孟宪章3人为常务理事。在原有理事基础上，增选洪铭声、高觉敷、金善宝、彭饬三、叶丁易、劳君展、鲁宝重、董渭川、初大告为理事，顾执中、洪涛、王克诚、漆文定、金涛、汤璪真、张效良7

梁 希 年 谱

人为候补理事。会议决定创刊《九三社讯》为社的机关刊物。

12月,梁希《西北林区考察报告》刊于《中国林业》1950年第1卷第6期3～13页。

12月,梁希《新中国的林业》刊于《西北农林》1950年第6期3～6页。

12月,梁希、李范五、李相符《中南军政委员会农林部代电转发"关于秋冬林业工作的指示"》刊于《河南省人民政府公报》1950年第12期71～72页。

12月,内田亨著,梁希、沙俊译的《生物之相互关系》(242页)由商务印书馆出版。

● 1951年

2月,在林垦部召开全国林业工作会议召开期间,陈嵘、沈鹏飞、殷良弼等倡议,恢复林学会组织,以团结全国林业科技人员,促进林业建设工作的发展,这一倡议得到与会代表一致赞同,并于2月26日召开中国林学会成立大会,选举梁希担任理事长,陈嵘被选为副理事长[207]。

2月,梁希《在中南区农林生产总结会议的上报告》在《中国林业》1951年2卷第2期7～14页刊登。

2月,李四光、梁希《科联科普电唁瓦维洛夫院长之丧》刊于《科学通报》1951年第2期146页。

3月,梁希《新中国的林业》在《中国林业》1951年2卷第3期9～10页。在该文中,梁希为祖国山河描绘了一幅动人的远景:"无山不绿,有水皆清,四时花香,万壑鸟鸣,替河山装成锦绣,把国土绘成丹青,新中国的林人,同时也是新中国的艺人。"

4月10日,世界科协将在法国巴黎召开第二届代表大会,代表全国科联出席此次大会的代表团由梁希、茅以升、曹日昌、张昌绍、谷超豪等5人组成,梁希、茅以升分任正副团长,谷超豪以浙江大学助教身份参加。

4月,《中国林业》第2卷第4期(1951年全国林业会议专刊号)刊登梁希题词:高到八千八百多公尺的喜马拉雅山圣母之高峰,低到一撮之土,都是人民的山,都要人民的林业工作者来保护来造林,除了雪线以上的高山,要把它全部

---

[207] 中国林业年鉴编写组主编.中国林业年鉴(1949-1986)[M].北京:中国林业出版社,1987,584.

绿化，而不容许有黄色，这是我们的远景。一九五一年三月八日 梁希。

6月1日，梁希《为什么中国不会再有饥荒》刊于《保卫和平》1951年创刊号73～79页。

6月16日，在九三学社创始人、林垦部部长梁希的关心和重视下，九三学社林垦部支社举行成立大会，大会首先由主席张效良致开幕词，继由九三学社北京市分社主任理事薛愚讲述了九三学社的历史，北京市分社组织委员会主任委员鲁宝重讲社的性质和任务。梁希部长代表林垦部致词，李范五副部长代表党支部致词，张庆孚主任代表来宾致词。林垦部支社推选张效良为总干事，张昭为组织干事，丁方为宣传干事[208]。

8月，梁希《世界科学工作者协会在团结中前进》刊于《科学通报》1951年第8期847～849页。

8月，梁希《团结爱国的科学工作者为人民服务》刊于《自然科学》1951年第1卷第3期170～171页。

10月，梁希《两年来的中国林业建设》刊于《自然科学》1951年第10期359～361页。

11月，梁希在中国人民政治协商会议第一届全国委员会第三次会议上的发言《组织群众护林造林，坚决反对浪费木材》刊于《新华月报》1951年第11期35～37页。

是年，梁希撰写《中国人民的一件大喜事——欢呼＜中华人民共和国宪法（草案）＞的公布》，后收录1983年《梁希文集》330～331页。

1952年

1月，东北人民政府林业部编《东北林业》创刊，梁希题词：结合党、政、公安和人民大众的伟大力量，与大自然界风、沙、水，尤其是火作斗争，保障工业资料，克服农田灾害。梁希 一九五一年十二月二十二日。

2月25日，梁希在广州送别五大学森林工作团的讲话《自然科学工作者组织起来了》刊于《中国林业》1952年1、2月号14～15页。

4月，梁希《中央人民政府林业部关于一九五二年春季造林工作的指示》刊

---

[208] 九三学社国家林业局支社[M]. 北京：国家林业局支社刊印，2008-02-25.

于《山西政报》1952年第4期40～41页。

5月，梁希在招待英国人民文化代表团座谈会讲话。

5月，在梁希的建议下，经国务院领导同意，林业部配合教育部，对农林高等院校做了调整，分别在北京、哈尔滨、南京成立了3所独立的林学院[209]。1952年5月《教育部关于全国高等学校1952年的调整设置方案》中提出：新设北京林学院、华东林学院、东北林学院。

6月15日，梁希《林业工作者坚决保卫和平》刊于《中国林业》1952年6月号2页。

6月，梁希《今后林业工作的方针和任务》刊于《东北林业》1952年第6期4～13页。

7月4日至11日，教育部召开全国农学院院长会议，拟订高等农林院系调整方案，决定成立北京林学院、东北林学院和南京林学院，保留12个农学院的森林系，在新疆八一农学院增设森林系。

7月8日，梁希在东北林业部第一次林业工作会议上的讲话《东北今后林业工作的方针和任务》刊于《新华月报》1952年第11期176～182页。

7月，梁希《我对于乐天宇同志所犯错误的感想》刊于《新华月报》1952年第7期199～200页。

9月11日—20日 九三学社召开第二届全国工作会议，大会选举产生了社的第三届中央委员会，许德珩任主席，梁希任副主席，涂长望任秘书长，叶丁易、李毅任副秘书长。许德珩、梁希等47人为中央委员，储安平等9人为候补中央委员。

9月，梁希《把科学技术知识带到群众中去》刊于《新华月报》1952年第9期207～209页。

10月5日，梁希《三年来的中国林业》刊于《中国林业》1952年10月号1～4页。同期4～11页刊载梁希在东北林业部第一次林业工作会议上的讲话《东北今后林业工作的方针和任务》。

11月，梁希率苏联专家聂纳阔莫夫和林业部姚开元、刘家声考察了泾河流域。

---

[209] 中国近代林学和林业杰出的开拓者——梁希[M]. 中国科学技术协会编. 中国科学技术专家传略（农学编·林业卷），北京：中国科学技术出版社，16-39.

• 1953 年

2月,毛泽东与梁希在一起交谈。

2月13日,梁希部长在听取林业所所务会议汇报后指示:(1)就本所现有条件,从速开展工作;(2)木材力学试验不必先向长春等处交换意见,可先用四吨枕着手进行,虽初时工作略有重复亦无妨碍;(3)造林研究以山荒为重点,如有余力应兼顾碱荒;(4)森林病虫害方面只有干部1人,一时不易成立一个单位;(5)在研究业务方面眼下先成立造林、木材工业、林产化学等三系及编译委员会,各系下再分若干小组。

2月15日,朱德副主席在林业部长梁希陪同下到林业科学研究所视察,指示尽快绿化西山,而小西山一带尤应先行一步。

3月至4月,梁希率苏联专家及技术人员在延水、洛河和无定河流域考察,结合考察完成《泾河、无定河流域考察报告》。

4月,梁希《悼伟大的斯大林主席》在《科学通报》1953年4卷4期4~5上发表。

5月,梁希《森林和农田》刊于《科学大众(中学版)》1953年第5期170~171页。

8月5日,梁希《泾河、无定河流域考察报告》刊于《中国林业》1953年8月号1~2页。

11月5日,《梁希部长在林业干部教育座谈会上的总结报告》刊于《中国林业》1953年11月号9~11页。

• 1954 年

1月,梁希《过渡时期总路线上的科学技术工作者》刊于《科学大众(中学版)》1954年第1期3~4页。

1月,梁希撰《森林在国家经济建设中的作用》(32开,30页)由中华全国科学技术普及协会刊印。

4月,梁希在齐齐哈尔看望林业部调查设计局森林航空测量调查大队的教师们并合影。

6月10日,梁希在内蒙古科学技术普及协会筹委会成立大会上的讲话《科学技术普及协会的性质和工作方针》。

7月1日，梁希部长在1954年全国林业调查设计工作会议上的讲话《林业调查设计工作者当前的责任》刊于《林业调查设计》1954年第7月创刊号2～4页。

7月5日，梁希《悼念依洛夫同志》刊于《中国林业》1954年7月号8页。

7月，梁希《科学工作者热烈拥护宪法草案》刊于《科学大众（中学版）》1954年第7期241～241页。

7月，中国第一部介绍森林的纪录片《白山黑水话森林》拍摄发行，梁希《中国第一部森林影片和群众见面了》刊于《大众电影》1954年第14期20～20页。

9月28日，根据国务院总理周恩来的提名，通过了国务院组成人员人选的决定，梁希为林业部部长。

10月1日，梁希部长在第一届全国人民代表大会第一次会议上的发言《关于政府工作报告的发言》刊于《林业调查设计》1954年第4期1～2页。

10月，《梁希部长在第一届全国人民代表大会第一次会议上的发言》刊于《中国林业》1954年第10月号1～2页。

11月30日，中央人民政府林业部改称为中华人民共和国林业部。

12月14日，中国人民政治协商会议第二届全国委员会第一次全体会议召开，九三学社有39位社员担任全国政协委员，许德珩和梁希担任常务委员。

12月25日，中国人民政治协商会议第二届全国委员会第一次会议选举产生常务委员，梁希当选为常务委员，属于自然科学团体委员。

12月25日，《人民日报》第二版刊登第2届全国委员会第1次全体会议上的发言，其中有梁希委员的发言。

• 1955年

2月，梁希《1955年林业工作基本情况及1956年工作任务》刊于《林业通报》1956年第2期1～17页。

4月，梁希《真正的和平、友谊和科学——在首都科学工作者反对使用原子武器签名大会上的讲话》刊于《科学大众（中学版）》1955年第3期82～82页。

4月，梁希《向台湾农林界朋友们的广播讲话》发表。

4月5日，梁希《做好春季造林工作》刊于《中国林业》1955年第4期1页。

5月17日，《人民日报》发表社论《重视森林，保护森林》。

6月3日，根据国务院总理周恩来《国务院关于公布中国科学院学部委员名

单的命令》，中国科学院学部委员名单共 233 人，已由 1955 年 5 月 31 日国务院全体会议第十次会议批准，梁希选聘为中国科学院生物学部学部委员[210]。

7 月 5 日,《梁希部长给八位同学的信》刊于《中国林业》1955 年第 7 期 22 页。

7 月，梁希《彻底粉碎胡风反革命集团，肃清一切暗藏的反革命分子！坚决镇压胡风集团和一切反革命分子》刊于《科学大众(中学版)》1955 年第 7 期 253 页。

7 月，梁希《决不能再麻痹了》刊于《森林工业通讯》1955 年第 7 期 6 页。

7 月，中国林学会主办的学术刊物《林业科学》创刊，刊名由林业部部长、著名林学家梁希先生题写，陈嵘任主编。

7 月 28 日,《人民日报》第 3 版刊登第 1 届全国人民代表大会第 2 次代表会议发言，其中有梁希部长的发言。

8 月 5 日,《梁希部长在第一届全国人民代表大会第二次会议上的发言》刊于《中国林业》1955 年第 8 期 4～6 页。同期 6～7 页刊登梁希《完成林业建设的五年计划，保证供应工业建设用材并减少农田灾害》。

9 月，梁希《毛泽东时代的新品种》刊于《科学大众（中学版）》年 1955 年第 9 期 354 页。

9 月,《中国青年出版社》出版由中央人民广播电台财经组编辑的《我国第一个五年计划讲话》，其中收录了林业部部长梁希的广播讲话《完成林业建设的五年计划，保证供应工业建设用材并减少农田灾害》。

10 月 15 日，梁希《在小兴安岭南坡林区森林施业案审查会议上的讲话》刊于《林业调查规划》1955 年第 9、10 期 1～2 页。

12 月 5 日，梁希部长在第六次全国林业会议上的工作报告《一九五五年林业工作基本情况及一九五六年工作报告》刊于《中国林业》1955 年第 12 期 1～7 页。

12 月，梁希部长在全国水土保持工作会议上的报告《有关水土保持的营林工作》刊于《新黄河》1955 年第 12 期 17～22 页。

• 1956 年

1 月，梁希部长在全国水土保持工作会议上的报告《有关水土保持的营林工作》刊于《中国林业》1956 年第 1 期 2～4 页。

---

[210] 中国科学院学部委员名单 [J]. 中华人民共和国国务院公报，1955 (09)：345-346.

2月5日,梁希《开化县不应该开山》刊于《中国林业》1956年第2期13~14页。

2月,梁希《绿化黄土高原,根治黄河水害》刊于《旅行家》1956年第2期3~5页。

2月9日至16日,九三学社召开第一届全国社员代表大会,大会选举产生了第四届中央委员会,许德珩任主席,梁希任副主席,涂长望任秘书长,孙承佩、陈明绍、李毅、周慧明任副秘书长。许德珩兼任组织部部长。方亮、孙承佩、劳君展、吴学周、周培源、茅以升、侯宗濂、梁希、涂长望、袁翰青、许德珩、陆侃如、税西恒、杨肇燫、董渭川、裴文中、潘菽、黎锦熙、卢于道、薛愚、魏建功、严济慈为常委。中央委员78人,候补委员5人。

3月,梁希《科学技术工作者必须随时把知识交给人民》刊于《科学画报》1956年第3期81页。

3月,中央要在延安召开5省区青年造林大会,梁希撰文《黄河流碧水,赤地变青山:为五省(区)青年造林大会而作》刊于《新黄河》1956年第3期19~21页,号召青年实现绿化全中国的美好理想。

3月,梁希《青年们起来绿化祖国》刊于《科学大众(中学版)》1956年第3期97~97页。

4月,梁希《黄河流碧水,赤地变青山》刊于《中国青年》1956年第4期。

4月,国务院组成科学规划委员会,梁希被任命为委员。

5月,梁希在全国先进生产者代表会议上发言。

5月5日,梁希《向高中应届毕业生介绍林业和林学》刊于《中国林业》1956年第5期8~10页。

6月5日,《梁希部长在全国先进生产者代表会议上的讲话》刊于《中国林业》1956年第6期3+2页。

6月21日,《人民日报》第2版刊登第1届全国人民代表大会第3次会议上发言,其中包括梁希的发言《争取做到全国山清水秀风调雨顺》。

7月,梁希为"中国林业出版社"手书社名。

8月5日,梁希在第1届全国人民代表大会第3次会议发言《争取做到全国山青水秀风调雨顺》刊于《中国林业》1956年第8期1~3页。

8月,梁希《在百花齐放百家争鸣的方针下做好科学普及工作》刊于《科学大众（中学版）》1956年第8期337~338页。

8月，任继愈、尚钺、侯学煜、孙敬之、杨鉴初、胡先骕、梁希、苏步青、李宪之《笔谈百家争鸣》刊于《科学通报》1956年第8期63~89页。

是年秋，梁希撰写《广泛发展工会和科普协会的合作关系》，后收录于1983年《梁希文集》459~461页。

10月，梁希《向高中应届毕业生介绍林业和林学》刊于《江西林业》1956年第5期30~32页。

10月，梁希《黄河流碧水，赤地变青山》刊于《江西林业》1956年第5期2~3页。

10月，梁希《妇女有权利要求科学家普及科学》刊于《中国妇女》1956年10期14~15页。

10月30日，《人民日报》第2版刊登梁希在全国第1次职工科学技术普及工作积极分子大会上《梁希的开幕词》。

11月12日，梁希在中国人民广播电台发表《向台湾科学文教界朋友们的广播讲话》，后收录于1983年《梁希文集》462~465页。

12月，梁希《全国第一次职工科学技术普及工作积极分子大会开幕词》刊于《新华半月刊》1956年第24期95~101页。

12月5日，梁希《一九五六年林业工作基本情况及一九五七年工作任务》（1956年10月15日）刊于《中国林业》1956年第12期1~9页。

• 1957年

1月4日，梁希《给全国林业调查队员的一封慰问信》（1956年11月29日）刊于《林业调查设计》1957年第1期1~2页。

1月，《关于农业社的植树造林问题、梁希部长答中国青年报记者问》刊于《山西林业》1957年第1期10~12页。

5月24日，国务院全体会议第49次会议决定，成立全国水土保持委员会，并任命陈正人为主任委员，傅作义、梁希、竺可桢、刘瑞龙为副主任委员，罗玉川、李范五、张林池、何基沣、冯仲云、魏震五、屈健、马溶之为委员。

8月5日，梁希《林业展览馆参观以后——谁也不能说森林与工业、农业之间的矛盾》刊于《中国林业》1957年第8期1~3页。

8月，梁希《地球离不开太阳，人民离不开共产党》刊于《新华半月刊》1957年第16期63～64页。

9月4日，《梁希部长给第四森林经理大队测绘中队全体同志的复信》（1957年8月21日）刊于《林业调查设计》1957年第7期1页。

10月，梁希《人民的林业》刊于《知识就是力量》1967年第10期。

10月30日，梁希《林业工作者的重大任务》刊于《光明日报》1957年10月30日。

10月，梁希《坚决深入贯彻反右派斗争，为把九三学社改造成为真正为社会主义服务的政党而奋斗》刊于《新华半月刊》1957年第20号23～25页。

11月5日，梁希《中苏两国人民友谊如松柏常青》刊于《中国林业》1957年第11期2页。

12月，梁希《第一个五年计划期间林业建设概要》刊于《科学大众》1957年第12期534页。

是年，梁希撰写《放宽"家"的尺度，扩大"鸣"的园地》，后收录于1983年《梁希文集》第466～467页，《民主与科学》2015年3期64、66页。

1958年

1月5日，梁希《贯彻农业发展纲要大力开展造林工作》刊于《中国林业》1958年第1期5～6页。

1月，梁希《在全国第二次水土保持会议上关于林业工作的报告》刊于《人民黄河》1958年第1期20～24+37页。

2月5日，梁希部长在全国第二次水土保持会议上的报告《进一步扩大林业在水土保持上的作用》刊于《中国林业》1958年第2期6～11页。

3月5日，梁希部长在第一届全国人民代表大会第五次会议上的发言《每社造林百亩千亩万亩，每户植树十株百株千株》刊于《中国林业》1958第3期8～10页。

4月，梁希《绿化祖国的伟大任务》刊于《湖南林业》1958年第4期1～5页。

5月，梁希《林业是发展农业的根本》刊于《中国农报》1958年第9期10～12页。

9月23日，由中华全国自然科学专门学会联合会（简称"全国科联"）与中华全国科学技术普及协会(简称"全国科普")合并建立中国科学技术协会(简称"中国科协"),李四光当选为主席,梁希、侯德榜、竺可桢、吴有训、丁西林、茅以升、万毅、范长江、丁颖、黄家驷当选为副主席。

8月27日,《人民日报》刊载梁希《让绿荫护夏,红叶迎秋》一文。

11月28日至12月15日,九三学社召开第二届全国社员代表大会,选出九三学社第五届中央委员会。许德珩任主席;梁希、周培源、潘菽、茅以升、涂长望、严济慈任副主席;干铎、方亮等26人任中央常务委员会委员;孙承佩任秘书长,裴文中、李毅任副秘书长。决定社刊《九三社讯》改刊为《红专》。

12月10日,梁希病逝于北京,享年76岁。

12月11日,《人民日报》刊登《林业部长梁希逝世》:新华社10日讯 中华人民共和国林业部部长、全国人民代表大会代表、中国人民政治协商会议全国委员会常务委员、中华人民共和国科学技术协会副主席、九三学社副主席梁希先生因患肺癌,经医治无效,于12月10日5时在北京逝世,当日入殓,灵柩停放在中山公园中山堂。梁希部长,浙江省吴兴县人,享年七十六岁。梁希部长治丧委员会已于当日成立,经委员会决定于12月14日上午10时在中山堂举行公祭。梁希部长治丧委员会名单:周恩来、王震、邓子恢、刘成栋、李四光、李范五、李相符、李济深、李烛尘、李维汉、沈钧儒、严济慈、季方、竺可桢、陈叔通、陈其尤、罗玉川、金善宝、周培源、周骏鸣、茅以升、郑万钧、俞寰澄、涂长望、马叙伦、徐萌山、习仲勋、郭沫若、许德珩、张克侠、张庆孚、贺龙、彭真、惠中权、傅作义、黄炎培、雍文涛、廖鲁言、潘菽。

12月15日,《人民日报》刊登《首都各界人士公祭梁希先生》:新华社14日讯 首都各界人士九百多人今天上午在中山堂隆重举行公祭,追悼中华人民共和国林业部部长、全国人民代表大会代表、中国人民政治协商会议全国委员会常务委员、中华人民共和国科学技术协会副主席、中国科学院学部委员、九三学社副主席梁希先生。梁希先生的灵堂内,陈放着党和国家领导人毛泽东、朱德、刘少奇、周恩来等人送的花圈。公祭仪式由贺龙、李济深、郭沫若、黄炎培、陈叔通、习仲勋、杨明轩、李四光、许德珩、平杰三、惠中权担任主祭。十时正祭仪式开始。乐队奏哀乐后,中共中央政治局委员、国务院副总理贺龙向梁希先生遗像敬献了花圈,全场肃立默哀。许德珩接着致悼词。他在追述梁希先生生平事迹时说,梁希先生是一位勤恳的学者和教育工作者,是一位热情的爱国主义者。许德珩说,梁希先生生前曾热情洋溢地宣布他要亲眼看见社会主义的建成。现在,先生看到了社会主义的大跃进,这在先生说来,可以说是"死而无憾"了,但是从国家和人民的需要来说,梁希先生的去世毕竟是一个沉痛的损失。参加公祭的,还有国家机关各部门、各民主党派、各人民团体的负责人,以及首都各界人士和梁希先生的亲属等。公祭毕,移灵至八宝山革命公墓安葬。今天以前,各界人士一千多人曾前往中山堂梁希先生灵前吊唁。前往中山堂吊唁、敬献花圈并参加公祭的还有各国驻华使节和外交官员等。

12月,郭沫若同志书写了墓碑"梁希先生之墓。"

11月6日,梁希《让绿荫护夏,红叶迎秋》刊于《中国林业》1958年12期3页。

• 1983年

12月15日,全国政协、九三学社中央、中国科协、林业部、中国林学会、中国农学会于12月15日下午在北京联合举行梁希诞辰一百周年纪念大会,由全国人大常委会副委员长、九三学社主席许德珩主持,中共中央政治局委员习仲勋、方毅,全国人大常委会副委员长周谷城、严济慈,全国政协副主席杨静仁、钱昌照、周培源、邓兆祥、屈武等出席了纪念会。方毅在纪念会上讲话,他回顾了梁希热爱祖国、热爱人民的一生,高度赞扬梁希是"中国共产党的真诚朋友,中国林业界的一代师表,中国科技界的一面旗帜。"

12月,周培源、潘菽《树人树木 振兴中华——学习梁希同志的革命精神和科学态度》刊于《新华月报》1983年第12期126~129页,张楚宝《梁希先生年谱》刊于152~178页。

12月,《梁希纪念集》编辑组编《梁希纪念集》,由中国林业出版社出版。同月,《梁希文集》编辑组编《梁希文集》,由中国林业出版社出版。

12月,马大浦、朱济凡《中国林学界的一代师表——纪念梁希教授诞辰一百周年》刊于《南京林业大学学报(自然科学版)》1983年第4期1~4页。

12月,张钧成《梁希先生对我国林业建设的贡献——纪念梁希先生一百周年诞辰》刊于《北京林业大学学报》1983年第4期68~72页。

12月,张钧成《杰出的爱国主义林学家——梁希》刊于《森林与人类》1983年第6期19~20页。

12月,梁希、詹昭宁《林人之歌》和《林业先锋》刊于《林业资源管理》1983年第6期67页和58页。

梁 希 年 谱

- **1984 年**

2 月，吴中伦《梁希同志是我国林业教育的奠基人》刊于《林业教育研究》1984 年第 1 期 2～3 页。同期，张楚宝《梁希先生是新中国林业教育的擘划者》在 4～5 页刊登。

- **1985 年**

是年，梁希先生的学生泰籍华人周光荣先生捐献 10 万元，设立了中国林学会梁希奖。

12 月，梁希遗作《林产制造化学》（421 页）由中国林业出版社出版。

- **1986 年**

1 月，梁希《科学与政治（一九四八年十一月）》刊于《南京党史资料》1986 年第 1 期 63～69 页。

6 月，赵兴华《周总理与梁希的友谊》刊于《科学家》1986 年第 3 期 10～11 页。

- **1987 年**

3 月，梁希森林公园动工。梁希森林公园位于浙江湖州市南郊 6 公里处，104 国道西侧的鹿山林场之东，为纪念我国著名林学家、新中国第一任林业部长梁希而建立的。建园过程中，得到国家林业部、中央绿化办公室九三学社中央的重视与支持，以及全国 24 个省、市、自治区等近 50 个单位、个人的资助。第一期工程 1987 年 3 月动工，1988 年 6 月竣工。梁希森林公园，占地总面积 739 亩，其中高坡杉松森林 494 亩，丘陵低坡观赏林 64 亩，果树林 81 亩。整个公园的森林山与花果山配置协调，春天可赏花，夏天可避暑，秋看红叶，冬观雪景，加上各种葱郁林木与飞禽走兽，构成了独具一格的园林风景区。

- **1990 年**

9 月，中国林业人名词典编辑委员会《中国林业人名词典》（中国林业出版

---

[211] 中国林业人名词典编辑委员会.中国林业人名词典 [M].北京：中国林业出版社，1990，288-300.

梁 希 年 谱

社出版）著录梁希生平[211]：梁希（1883.12.28—1958.12.10），林学家、林业教育家。浙江省乌程（今湖州）人。清末秀才。1905年考入浙杭武备学堂，翌年赴日本士官学校学习，1907年加入中国同盟会。1912年回国，参加辛亥革命，曾回浙江从事新军训练工作。1913年重返日本入东京帝国大学农学部攻读森林利用学科。1916年回国任教于北京农业专门学校。1923年赴德国萨克逊德累斯顿高等林业专门学校研究林产制造化学，1927年回国，任北平农业大学教授兼森林系主任，次年任浙江大学农学院森林系主任兼浙江省建设厅技正。1932年任南京中央大学农学院森林系教授、系主任、院长，并创建森林化学室。1935年当选为中华农学会理事长。抗日战争时期，与许德珩等共同发起组织九三学社，1949年任南京大学校务委员会主席。建国后，历任政务院财经委员会委员，中央人民政府林垦部部长、林业部部长、中华人民共和国林业部部长，是中国科学院生物学部委员，中国林学会第一届理事长，中华全国科学技术普及协会主席，中国科学技术协会副主席，九三学社中央第二、三、四、五届副主席，第一届全国人大代表，第一、二届全国政协常务委员，中国人民保卫世界和平委员会常务委员。梁希先生在我国科学界、林业界享有崇高的威望，少年时就立志救国，投笔从戎，参加了辛亥革命。留学归国后，怀着发展中国林业的抱负，潜心研究林业和教书育人。其学识渊博精湛，诲人不倦。在林产化学和木材学实验方面，取得丰硕成果。30年代初考察华东山区，著有《两浙看山记》等文，发出"地燥土干，来日大难"的惊呼。40年代是中国科学工作者协会发起人之一，还联合英美法澳等国科协发起筹建世界科协。1945年，积极参加以郭沫若为首的爱国人士在《新华日报》发表《陪都文化界对时局进言》联名文章，反内战、反独裁，要求成立包括中国共产党在内的民主联合政府。1947年，积极奔走营救南京"五·二〇"惨案中被国民党宪警逮捕的学生。新中国成立后，虽已年近古稀，但老当益壮，勇于挑起领导全国林业建设的重任，怀着"为人民服务，万死不辞"的信念，奔走于神州大地，擘划祖国绿化蓝图，把全部心血倾注于林业事业上。1951年在《新中国的林业》一文中，提出"普遍护林，重点造林，森林经理，森林利用"四大任务，对于林业建设具有重要指导作用。他的"黄河流碧水，赤地变青山"的美好愿景，激励着一代又一代人为之奋斗。著有《林产制造化学》、《木材学》。1984年出版有《梁希文集》、《梁希纪念集》。

 梁 希 年 谱

• 1991 年

1 月,由中国科学技术协会编、中国科学技术出版社出版的《中国科学技术专家传略》(农学编·林业卷)刊登王贺春撰写的梁希传略《中国近代林学和林业杰出的开拓者——梁希(1883—1958)》,传略称:梁希,著名林学家、林业教育家和社会活动家,近代林学和林业杰出的开拓者之一。他一生大部分时间从事林业教育和林产化学研究,晚年被任命为中央人民政府林垦部(后改为林业部)部长,并在科学技术界和民主党派中兼任一些领导职务。他的主要业绩是培养了大批林业科技人才,在中国首创了林产制造化学,传播了新的林业科学理论,提出了全面发展林业、绿化全中国的林业建设方向,把中国林业建设推向了一个新的阶段。

11 月,蒋景源主编的《中国民主党派人物录》346~347 页刊登梁希生平:梁希(1883—1958)生前任九三学社中央副主席,森林学家。字叔五。浙江湖州人。早年于杭州武备学堂毕业后,赴日本留学,加入中国同盟会,曾参加辛亥革命。后任浙江大学、中央大学森林系教授。抗日战争中,积极参加民主运动。抗战胜利后,参与组织发起了九三学社。多次发表反对蒋介石国民党政府的谈话。新中国成立后,历任南京大学校务委员会主任委员、国家林业部部长、政协委员、全国政协常委、九三学社首届监事、第二、三、四、五届中央委员、常务委员、副主席等职。他是中国森林学的开创者之一。为我国木材学及林产化学学科的建立和发展作出了杰出的贡献。著有《木材学》及诗集《西北纪行》等。1958 年 2 月 10 日在北京病逝[212]。

• 1996 年

10 月 16 日,梁希纪念像立于北京林业大学西配楼西侧,纪念像高约 1.5 米(含基座)。

• 1997 年

10 月,中华人民共和国林业部编《中国林业的杰出开拓者——梁希》由中国林业出版社出版。

---

[212] 蒋景源主编,中国民主党派人物录 [M]. 上海:华东师范大学出版社,1991,346.

梁希年谱

• 1998 年

12月28日，在梁希诞辰115周年之际，为缅怀梁希先生丰功伟绩，激励来者像梁希先生一样献身林业，献身教育，经江苏省委宣传部批准，南京林业大学在新图书馆前右侧树立了梁希先生半身铜像一座，铜像高度1.5米，底座高度1.6米。

• 1999 年

是年，王贺春、李青松《中国林业的杰出开拓者：梁希（传记文学）》在《浙江林业》1999年第1~6期刊登。

• 2003 年

3月27日，江泽慧在中国林学会十届二次常务理事会上的讲话《认真贯彻落实十六大精神 全面开创中国林学会事业发展新局面》讲到：本届理事会应着力办好的五件实事，第一件实事就是建立梁希科教奖励基金。梁希先生是我国著名林学家、林业教育家和社会活动家，不仅对我国近代林业科学和林业事业做出了杰出的开创性贡献，而且是"中国科学工作者协会"的发起人之一，对中国学术团体的组建和科普事业的发展贡献卓著。

12月28日，由中国科学技术协会、国家林业局、九三学社中央委员会共同主办的纪念梁希先生诞辰120周年暨梁希科技教育基金成立大会在北京举行。全国人大常务委员会副委员长、九三学社中央委员会主席韩启德，全国政协副主席、统战部部长刘延东等出席大会并讲话。韩启德在讲话中高度赞扬梁希："梁希是我国近代林学当之无愧的开拓者、一代师表。"中国科学技术协会主席周光召在讲话中赞扬"梁希先生是原中华全国科学技术普及协会的主席，中国科学技术协会第一届副主席。他以一个科学家的渊博学识和政治责任感，满腔热情地投入祖国的科学普及工作，为中国科普事业发展和科技进步做出了开创性的贡献。"

12月28日，由中国林学会设立、以我国第一任林业部长梁希名字命名的"梁希科技教育基金"在北京成立，设立梁希科学技术奖。

• 2004 年

1月，江泽慧《缅怀梁希光辉业绩 大力推进科教兴林——在纪念梁希先生诞

辰120周年暨梁希科技教育基金成立大会上的讲话》刊于《中国林业》2004年第1A期4~5页。

1月，韩启德《"为人民服务 万死不辞"——纪念梁希先生诞辰120周年》刊于《民主与科学》2004年第1期51~53页。

是年，"梁希林业科学技术奖"是经科技部批准，由中国林学会申请设立的面向全国、代表我国林业行业最高科技水平的奖项。梁希先生是我国杰出的爱国主义者，著名的林学家、林业教育家和社会活动家，在我国科技界和林业界享有崇高的威望。

● 2006年

5月13日，为配合中国科学技术协会第七次全国代表大会的召开，国家邮政局发行了2006-11《中国现代科学家（第四组）》纪念邮票一套四枚，表现了梁希（林业学家）、茅以升（桥梁学家）、严济慈（物理学家）、周培源（物理学家）的形象和科研成果，其中第1枚即为"林学家梁希"，主图为梁希先生像和其亲笔签名，背景配以由几何图形组成的林木图案。发行当日，还在梁希故里湖州市双林镇举行了梁希纪念邮票首发式。

● 2007年

7月12日，中国林学会成立90周年纪念大会在人民大会堂隆重举行，国务院副总理回良玉出席纪念大会，中国林学会理事长江泽慧致开幕词，她在开幕词中讲到"中国林学会从艰苦创建到快速发展的90年，是我国近代林业从开创到完善，并向现代林业发展的90年，是几代林业科技工作者不断追求科学真理、锐意科技创新的90年，是学会事业和学会会员不断经受考验、不断发展壮大的90年。值此机会，我们向那些为林学会的创建，为林业科教事业发展作出历史性贡献的凌道扬、姚传法、梁希、陈嵘、郑万钧等已故的老一辈林业科学家，表示深切的怀念……。"[213] 这段提到关键词"历史性贡献"。

● 2008年

---

[213] 江泽慧在中国林学会成立90周年纪念大会上致开幕词[EB/OL]. [2009-05-22].http：//www.csf.org.cn/html/zhuanlan/zhongguolinxuehuitongxun/2009/0522/2749.html.

10月31日，《南京林业大学校报》电子报第472期第2版报道：《梁希传》编写工作启动。

8月31日，国家林业局新中国60年专栏刊登《梁希——中国近代林学和林业杰出的开拓者》一文，文中称：梁希，著名林学家、林业教育家和社会活动家，近代林学和林业杰出的开拓者之一[214]。

● **2012年**

7月，南京农业大学胡文亮在博士论文《梁希与中国近现代林业发展研究》中称：梁希是中国森林利用学的创始人。

9月28日，《人民日报海外版》第10版刊登李青松《记新中国第一任林垦部部长梁希》。

● **2013年**

12月，九三学社国家林业局支社《树木树人薪火传承：纪念梁希先生诞辰130周年》刊于《林业资源管理》2013年第6期13～14，52页。

● **2014年**

8月，刘婷的《梁希》刊于《戏剧之家》2014年第8期392～400页。

10月，李青松的报告文学《开国林垦部长》，由中国林业出版社出版。

12月28日，梁希诞辰131周年之际，《开国林垦部长》学习宣传活动暨梁希纪念馆开馆仪式在浙江湖州举行。

● **2015年**

1月，由何颖哲编剧的话剧《梁希》，由中国林学会刊印。

12月，梁希《人民的林业》刊于《民主与科学》2015年第6期67～69页。

● **2016年**

2月，胡文亮著《梁希与中国近现代林业发展研究》，由江苏人民出版社出版。

---

[214] 梁希——中国近代林学和林业杰出的开拓者 http：//www.forestry.gov.cn/ZhuantiAction.do?dispatch=content&id=266296&name=ly60

2017年

2月，叶介甫《梁希先生在重庆的那段难忘岁月》刊于《民主》2017年第2期40～43页。

5月6日，中国林学会在北京人民大会堂召开中国林学会成立100周年纪念大会。

5月，中国林学会编《梁希文选》由中国林业出版社出版。《梁希文选》是在《梁希文集》（1983年由中国林业出版社出版）中筛选部分对我国林业建设有重要价值的文章，共收录文章61篇、诗词128首，其中包括在政治、经济建设、科学技术等方面的论著、林业科学论文、考察报告、诗词等。

德国籍林学家
戈特里布·芬次尔年谱

- **1896 年（清光绪二十二年）**

  10 月 13 日，戈特里布·芬次尔生于德国巴伐利亚州上巴伐利亚行政区（原译士巴燕邦）纽伦堡（原译努连堡城），是法兰克人的后裔[215]。

- **1914 年（民国 3 年）**

  是年，第一次世界大战全面爆发，芬次尔从纽伦堡文理高中直接进入德国军队服役，任连长职。

- **1918 年（民国 7 年）**

  是年，第一次世界大战结束，芬次尔回到家乡纽伦堡，立志学习林业，在家乡开展一些小规模的育苗、造林试验。

- **1919 年（民国 8 年）**

  是年，芬次尔考入明星大学（即慕尼黑大学）林学院学习。

- **1922 年（民国 11 年）**

  是年，芬次尔从明星大学林学院毕业，参加巴伐利亚州政府国家考试名列第一，短暂任巴伐利亚政府埃尔特曼镇林业专员之后，到巴伐利亚州维尔茨堡任林业专员近两年。

---

[215]Fabricius Kurze Nachrichten. Dr. phil. Gottlieb fenzel, bayr. Regierungsforstrat, Forstwissenschaftliches Centralblatt[M].1937,（59）18：595-596.

● 1923年（民国12年）

7月，广东省地方农林试验场所属白云山划归广东省公立农业专门学校规划管理。

● 1924年（民国13年）

是年，芬次尔考入明星大学林学院攻读博士学位。

6月，广东公立农业专门学校与广东高等师范及法政大学合并为广东大学，设农学院。

● 1926年（民国15年）

7月，国民政府正式宣布广东大学改名为中山大学，任命戴传贤为校长、朱家骅为副校长，同时，中山大学向国外散发邀请函，广求名师，引起芬次尔注意。

12月7日，李济深任广东省政府主席。同月，广东省政府主席李济深兼任中山大学政治训育部主任，农科主任兼林学系主任沈鹏飞向中山大学建议并得到广东省政府同意，在白云山创办国立中山大学农科第一模范林场，以供教学科研之用。

● 1927年（民国16年）

2月，应国立中山大学委员会委员长戴季陶之聘，芬次尔决定来华到广州国立中山大学任教。

5月，芬次尔首次来华到达广州，任广州国立中山大学农科林学系教授兼国立中山大学农科附设第一模范林场主任。不久，芬次尔制定中山大学农科林学系试验计划及预算草案。

5月，齐敬鑫（1900—1973年，安徽省和县人，1924年毕业于南京金陵大学森林系获学士学位，著名林学家）离开安徽省芜湖到广州中山大学农科工作。

7月1日，《农声》（第86~90期合刊）载：农林科林学系教授曾济宽（1883—1950年，字慕侨，四川省丰都人，1915年毕业于日本鹿儿岛高等农业学校林科，林业教育家）偕同德籍教授范西尔氏（芬次尔）和助理员二人，带领林学系四年级学生 6 人于昨日出发首往滑水山实习,实习期间,拟定 2 星期[216]。

11 月 1 日,芬次尔著、王显智译《本校林学系试验计划及预算草案(十六年度)》一文在《农声》第 91、92、93 合刊上刊登[217]。

12 月,芬次尔和植物系教授陈焕镛一起到广东北江和南雄一带调查植物。

● 1928 年(民国 17 年)

1 月 12 日,广东省政府布告教字第 5 号,准国立中山大学筹办第一模范林场。是年春在白云山第一模范林场造林,获得成效,在林场黄婆洞设造林试验区,设计与指导了马尾松、杉木造林试验以及马尾松与石栎或苦楝混交林试验,还进行了桉树等引种试验。

3 月 15 日,在植树运动讲演会演讲《中国森林问题》(齐敬鑫翻译)。

4 月,国立中山大学农林科刊印《中国森林问题第一号(芬次尔著、齐敬鑫译)》[218]。

4 月 1 日,芬次尔编、齐敬鑫译《广东经济发展上造林问题之重要性》在广州私立岭南大学农科学院《农事双月刊》第 6 卷第 5 期发表[219]。

4 月 20 日,广东省政府第 3 届委员会第 52 次议事录称:据中山大学校长呈称,森林局之设,为我党、政府目前建设时期中亟须举行之要政。拟请由省政府月拨 2 000 元,以资办理等。经决议,交省政府拟办核呈等因。当经本府第 10 次会议决议,月拨 2 000 元照发在案。兹复准该校函称,以准德国教授兼林场技师芬次尔面称,以开办第一模范林场,须筑干路,经费不敷,拟请转函请自本月起加拨 2 000 元等语。查该林场每月原有经费 2 000 元,确系不敷,请查转饬财厅,由本月起加经费 2 000 元,共 4 000 元,按月拨给过校,以资应用等。

7 月,芬次尔编、齐敬鑫译《广东省暂行森林法规案》和《德国森林行政制》由国立中山大学农林科印发(初版)[220]。

7 月 1 日,国立中山大学农林科再版《中国森林问题第一号(芬次尔著、齐

---

[216] 本校师生赴滑水山实习 [J]. 农声,1927(86-90 期合刊):15-16.
[217] Fenzel 著,王显智译. 本校林学系试验计划及预算草案(十六年度)[J]. 农声,1927(91-93 合刊):38-41.
[218] 芬次尔,齐敬鑫译. 中国森林问题(第一号)[M]. 广州:国立中山大学农林科刊印,1928.
[219] 芬次尔,齐敬鑫译. 广东经济发展上造林问题之重要性 [J]. 农事双月刊,1927,6(5):9-17.
[220] 芬次尔著,齐敬鑫译.《广东省暂行森林法规案》和《德国森林行政制》[M]. 广州:国立中山大学农林科刊印(初版),1928.

敬鑫译）》。

7月3日，冯祝万任广东省政府代主席。

12月19日，陈铭枢任广东省政府主席。

12月28日，广东省政府计划成立广东省森林局，广东省政府以建字第873号任命状，马超俊兼任广东省政府森林局局长，芬次尔为广东省政府森林局副局长[221]。

是年，在芬次尔的努力下，相继开辟了广东东江、西江、北江、南路各处林场和生产苗圃。

是年冬，齐敬鑫因精通德、英等语聘为芬次尔助教。同时袁义生（1904—1971年，山东省即墨人，近现代林业专家）从金陵大学农林科本科毕业，聘为芬次尔林业助手，1929年2月任中山大学农学院助教和中山大学白云山林场技士。

● 1929年（民国18年）

1月1日，国立中山大学农林科刊印《中国森林问题第二号（芬次尔著、齐敬鑫译）》[222]。

1月20日，国立中山大学农林科刊印《中国森林问题第三号（芬次尔著、齐敬鑫译）》[223]。

2月，广东省政府主席陈铭枢认为林业是国民经济建设的要政，倡议设立森林局以施行林政。经广州政治分会议决通过，成立广东省森林局，直隶于广东省政府，由建设厅厅长马超俊兼任局长，聘请芬次尔任副局长。森林局内设秘书1人，总务科长1人，技师兼土木科长1人，技术人员及事务人员各若干人，直属有南华和潮安两个模范林场。

2月，芬次尔编、齐敬鑫译《广东省暂行森林法规案》和《德国森林行政制》由国立中山大学农林科印（再版）。

3月25日，芬次尔著《中国森林问题》在《东方杂志》第26卷6期刊登[224]。

4月1日，芬次尔著《中国林业的任务——中国土壤利用问题研究（Aufgaben der Fortwirt-schaft in China Eine Denkschrift uber Fragen chine-sischer

---

[221] 广东省政府任命状（建字第八七三号）[N]. 1928年12月28日.
[222] 芬次尔著，齐敬鑫译. 中国森林问题（第二号）[M]. 广州：国立中山大学农林科刊印，1929.
[223] 芬次尔著，齐敬鑫译. 中国森林问题（第三号）[M]. 广州：国立中山大学农林科刊印，1929.
[224] 芬次尔. 中国森林问题[J]. 东方杂志，1929，26（6）：69-71.

Bodenkultur）》刊登在《Forstarchivn》（林业杂志）》第 5 卷 3 期[225]。

5 月 31 日，芬次尔著、齐敬鑫译《察哈尔造林计划之纲要》和《广东省残余天然林之保护及始兴南部之天然林》（续）在《农声》第 121 卷刊登[226]。

7 月至 8 月，芬次尔到海南岛开展地质和植被调查。

8 月 1 日，芬次尔著、齐敬鑫译《广东省残余天然林之保护及始兴南部之天然林》在《农矿公报》第 15 期刊登[227]。

9 月 1 日，广东省森林局改隶属于省建设厅，由侯过接任局长，原任副局长芬次尔改任顾问[228]。森林局内改设总务、林务两课，并设技正 2 人；直属机构除原有南华、潮安两模范林场外，还增设罗浮、鼎湖、德庆 3 个模范林场。

9 月，芬次尔著、齐敬鑫译《自然环境与林业之关系足以影响广东农业经济论》由国立中山大学农林科刊印，并在《农矿公报》第 16 卷刊登[229]。

是年，印度黄檀（Dalbergia sissoo DC.，原产印度）经芬次尔引入我国广东栽培[230]。

是年，芬次尔和沈鹏飞教授等共同进行了中国早期的森林经理调查，编制的《白云山模范林场森林施业案》是我国最早的森林施业案之一。将白云山模范林场自黄石公路江夏至凤凰冈段设置为芬次尔林道[231]。

12 月，芬次尔著《广东省尤其是在粤北自然条件对农村经济组成部分林业的影响（On the natural conditions affecting the introduction of forestry as a branch of rural economy in the province of Kwangtung, especially in North Kwangtung）》刊登在《Lingnan Science Journal（岭南科学杂志，下同）》第 7 卷 3 期[232]。

是年，广东省政府森林局印《林区林火之防护与广东省草地及森林防火规条

---

[225] G. Fenzel. Aufgaben der Fortwirt-schaft in China Eine Denkschrift uber Fragen chine-sischer Bodenkultur [J]. Forstarchivn, 1929, 5（3）41-46.
[226] 芬次尔著，齐敬鑫译. 察哈尔造林计划之纲要 [J].. 农声，1929（121）：11-14.
[227] 芬次尔著，齐敬鑫译. 广东省残余天然林之保护及始兴南部之天然林 [J]. 农矿公报，1929（15）：219-230.
[228] 聘任森林局顾问芬次尔 [Z]. 广州：广东省档案馆，案卷号 006-002-51-038-041.
[229] 芬次尔著，齐敬鑫译. 自然环境与林业之关系足以影响广东农业经济论 [M]. 广州：国立中山大学农林科刊印，1929.
[230] 陈嵘. 中国树木分类学 [M]. 北京：中央林业部林业科学研究所，1953：537.
[231] 国立中山大学附设广东第一模范林场 [Z]. 广州：广东省档案馆，案卷号 020-001-100-195-198.
[232] G. Fenzel. On the natural conditions affecting the introduction of forestry as a branch of rural economy in the province of Kwangtung, especially in North Kwangtung [J]. Lingnan Science Journal，1929，7（3）；37-102.

合编（芬次尔著、齐敬鑫译）》[233]。

• 1930 年（民国 19 年）

1 月 28 日，戴季陶为《广东省造林工作及苗圃设施之实际方法》题词：十年树木，百年树人，树木则民富，树人则国强，造林兴学是富民强国之要道——芬次尔教授著广东省造林工作及苗圃设施之实际方法嘉惠国人至多且大特书以谢之[234]。

2 月，芬次尔著、齐敬鑫译《广东省造林工作及苗圃设施之实际方法》一书由国立中山大学农科发行。

7 月至 8 月，芬次尔北上调查浙江与东三省森林，所至之处，皆有策划。7 月 28 日至 8 月 3 日，在浙江省杭州西部山区调查森林，并写有《杭州西部山区天然植物之情形及该区造林之可能性》[235]。在浙江长兴调查李家巷等地情况后，建议在长兴县境内设立林场，建造太湖公园，绿化京杭国道[236]。8 月 4 日至 8 月 30 日，由上海到天津，转道北京到沈阳、长春、哈尔滨，在东北调查森林情况。

8 月，芬次尔著《在中国开展大规模造林的条件与可能性，特别是德国林学专家参与的作用（Über die Dorbedingungen und Möglichkeiten der Einleitung einer forstkulter gröszen Stils in China, mit befonderer Berücstchtigung der Rolle, die deutschen forstleuten bei diesen Unternehmungen zufallen könnte)》在《Orstwissenschaftliches Centralblatt（欧洲林业研究）》52 卷 15 期上发表[237]。

9 月，芬次尔著、齐敬鑫译《海南岛植物地理考察记》载于《农声》第 137 期[238]。

9 月，回国为父奔丧。

10 月，芬次尔著、齐敬鑫译《海南岛植物地理考察记（续）》载于《农声》

---

[233] 芬次尔著，齐敬鑫译. 林区林火之防护与广东省草地及森林防火规条合编 [M]. 广州：国立中山大学农林科刊印，1929.
[234] 芬次尔. 广东省造林工作及苗圃设施之实际方法 [M]. 广州：国立中山大学农林科刊印，1930.
[235] 芬次尔. 杭州西部山区天然植物之情形及该区造林之可能性 [J]. 浙江民政月刊，1930，(5)：1-12.
[236] 芬次尔. 杭长路沿线山地之调查及造林 [J]. 浙江省建设月刊，1935，8 (10)：1-3.
[237] G. Fenzel. Über die Dorbedingungen und Möglichkeiten der Einleitung einer forstkulter gröszen Stils in China, mit befonderer Berücstchtigung der Rolle, die deutschen forstleuten bei diesen Unternehmungen zufallen könnte [J]. orstwissenschaftliches Centralblatt，1930，52（15）：628-640.
[238] 芬次尔著，齐敬鑫译. 海南岛植物地理考察记 [J]. 农声，1930（137）：16-22.

第 138 期[239]。

11 月，在芬次尔推荐下助教齐敬鑫获得官费赴德留学，入德国明星大学森林研究院攻读森林科学博士学位。

是年，芬次尔著、齐敬鑫译《广东雨量季节之分布与森林类别及造林可能之关系》在国立中山大学农科丛书第 5 号刊印[240]。

● 1931 年（民国 20 年）

是年，芬次尔继续在明星大学的学业。

是年，根据芬次尔采集的标本，奥地利著名植物学家海因里希·冯亨德尔·马志尼韩马迪（1882—1940 年）命名了海南五针松，学名为 *Pinus fenzeliana* Hand—Mazz，英文名 Fenzel Pine，别名葵花松、海南松、粤松、芬次尔松（文献 *Pinus fenzeliana* Hand.–Mzt. in Oesterr. Bot. Zeitschr. 80: 337. 1931），是松科松属五针松组的植物，为中国的特有植物。

● 1932 年（民国 21 年）

2 月，邵力子任甘肃省政府主席。

7 月，芬次尔在巴伐利亚上巴伐利亚行政区罗特阿姆因小镇居住，将调查成果《海南岛的地质》写成博士论文，在慕尼黑大学获得博士学位。

10 月 27 日，国民党中央执行委员会政治会议第 327 次会议通过了于右任、戴传贤等人提出的"筹建建设西北专门教育初期计划议案"成立了"筹建建设西北专门教育委员会"，委任于右任、戴传贤、张继、朱家骅、王世杰、李石曾、王陆一、王应榆、吴敬恒、辛树帜、邵力子、沈鹏飞、焦易堂、杨虎城、褚民谊 15 人为筹备委员。委员会办公处设于国民政府教育部（南京成贤街 43 号（原 51 号）），筹划建设"国立西北农林专科学校"。戴季陶具体主持校址选择和筹建事务，他的《关于西北农林教育之所见》针对西北教育工作阐述了较为系统的办学思想，对学校的创建具有指导意义。12 月 14 日，上述委员会更名为"建设西北农林专科学校筹备委员会"，公推于右任、张继、戴季陶三人为常务委员，并议

---

[239] 芬次尔著，齐敬鑫译. 海南岛植物地理考察记（续）[J]. 农声，1930（138）7-16.
[240] 芬次尔著，齐敬鑫译. 广东雨量季节之分布与森林类别及造林可能之关系（国立中山大学农科丛书第 5 号）. 广州：国立中山大学农科刊印，1930.

决将上海劳动大学农学院部分校产划归西北农林专科学校。于右任、戴季陶在学校筹备之初就把目光投向海外物色教育人才，想到回国奔丧的芬次尔并向他发出邀请函电。

11月，芬次尔著《满洲辽宁和吉林省林区报告（Report on Forest Regions of Fengtien and Kirin Provinces, Manchuria）》发表在《Lingnan Science Journal》（岭南科学杂志，下同）第11卷4期[241]。

• 1933年（民国22年）

1月，芬次尔著、石声汉译《陕西省西北农林研究所及西北农林专门学校计划书》刊登于《新亚细亚》第6卷第1期[242]。

2月，芬次尔著《满洲辽宁和吉林省林区报告（续）（Report on Forest Regions of Fengtien and Kirin Provinces, Manchuria）》发表在《Lingnan Science Journal》第12卷1期。

3月，朱绍良调任甘肃省政府主席，8月兼甘肃、青海、宁夏三省绥靖公署主任。

3月，筹备委员会共推于右任先生为国立西北农林专科学校校长。

4月，应戴季陶领衔常委之邀，芬次尔第二次来华，担任创建中的西北农林专科学校教授和实验林场主任。芬次尔来华后立即投入西北农林专科学校的筹建工作，主要参与两项工作，一是制定学校规划，二是校址勘测和选址。校内所属单位的筹建，戴季陶等必征求芬次尔博士的意见而后决定。在西北农专筹备阶段，芬次尔在撰写的《西北农林研究所暨西北农林专科学校开办费及经常费预算书》（1934年7月18日刊印）中提出：要在学校建立农业研究所、林业研究所、水利林业研究所；建立学校图书馆与3个研究所的图书资料；校舍用地需300亩、试验场600亩、农场50 000亩、林场10 000亩等计划[243]。

4月21日，上午10时，在南京民国教育部召开建设西北农林专科学校筹备

---

[241] G. Fenzel. Report on Forest Regions of Fengtien and Kirin Provinces, Manchuria[J]. Lingnan Science Journal, 1932, 11（4）：539-551, 1933, 12（1）：11-29.

[242] 芬次尔著，石声汉译. 陕西省西北农林研究所及西北农林专门学校计划书[J]. 新亚细亚 1936, 11（4）：9-18.

[243] 芬次尔. 西北农林研究所暨西北农林专科学校开办费及经常费预算书[M]. 武功：国立西北农林专科学校，1934.

德国籍林学家戈特里布·芬次尔年谱

委员会第二次会议，出席会议的有戴传贤、于右任、李煜瀛、吴敬恒、褚民谊、朱家骅、芬次尔、沈鹏飞。

5月，戴季陶在西安撰写《建设西北专门教育之初期计划》一文，对发展西部教育提出具体建议[244]。

5月5日，邵力子任陕西省政府主席。

7月10日，西北农林专科学校筹委会成立，于右任、张继、戴季陶3位常委电聘王玉堂（字子元，1891—1964年，原籍山东省长山县，幼年随父王传恭落户陕西省三原县）为西北农林专科学校筹备主任，并代行校长之职，在武功成立筹备处。

7月26日，齐敬鑫在德国明星大学林业研究院以优异成绩取得森林科学博士学位，该院土壤学系主任蓝格亲笔在其博士论文上签述：齐君敬鑫已于本年7月26日在本大学国民经济科考得森林科学博士学位，核其成绩极为优良。

8月7日，筹备处主任王子元，偕筹备处委员寿天章及芬次尔、鲍尔格（亦译为巴尔客，水利专家兼飞机测量工程师）等赴西路各县，视察农村情况并考察选勘农林专科学校校址。西安绥靖公署杨虎城主任令派宪兵随同保护，并饬有关各县驻军及保卫团妥加保护。

8月11日，芬次尔、鲍尔格准备赴武功，因水阻未果，即偕干事杨赐福赴南五台斟择林场地点，及视察户县等处水利情形，当经择定风峪谷、小五台两处，计划设立林场并引水工程。

8月16日，王子元偕筹备处寿天章、芬次尔、鲍尔格等与邵力子主席、李仪祉委员长（时任黄河水利委员会委员长）会商渭河区域飞机测量事宜。

8月23日，王子元率筹备处人员进驻张家岗土窑洞工作，开始购买土地，采办建筑材料，进行各项工程，并着手成立农、林、园艺各场。

8月24日，王子元偕芬次尔、鲍尔格、寿天章及干事等十余人，往贞元镇一带查勘校址。

8月25日，芬次尔偕水利专家鲍尔格及干事袁义生、杨赐福等赴凤翔、宝鸡，并逆溯渭河西进视察水利及造林区域。

8月底至9月初，于佑任偕邵力子、芬次尔、白超然、陆望之、傅学文等人

---

[244] 陈天锡. 戴季陶先生编年传记 [M]. 台北：中华丛书委员会印行，1958：94-95.

徒步登太白山游览考察，由陕西的武功县渡渭河到眉县，从眉县的营头口上山。期间于右任写出 198 句、约 1700 余字的《太白山纪游歌》，盛赞太白山美景。其中有句：芬君（芬次尔）草木白君（白超然，又名仕偶，1903—1981，陕西省绥德人，1926 年从北京大学地质系肄业，1931 年夏重新复学后于 1934 年元月毕业）石，芬次尔、白超然各自采标本下山，之后邵力子亦写有长达 1 万多字的《登太白山的感想》；1934 年《西北周报社》印赠了《于右任先生太白山纪游歌，邵力子先生登太白山的感想》单行本[245]。

9 月 4 日，王玉堂为"西农"选址呈于右任、戴季陶、张继文称：是武功县所有地势，几是代表西北全部，农林专校决定设立于此，理由颇为正大。至于校址坐落，前芬次尔博士及教育部邱先生（邱长康，1900—1960 年，字寿亭，福建省将乐县人，1932 年任国民政府德国总顾问处德文翻译，1933 年 1 月改任国民政府教育部高等教育司第二科科长）等曾勘有县东贞元镇附近与县南上川口两处。

9 月 10 日，张继在陕期间给王子元电报称：请即偕芬次尔君来省，与邵委员共商校址问题。

10 月，芬次尔兼任该校森林组实习实验林场总场首任场长，着手成立咸阳分场、眉县分场及武功分场。森林组实习实验林场各分场除了担任师生实习实验任务之外，还研究各种树木和气候土壤关系，选择最适合西北造林的树种，指导陕西及西北荒山荒坡造林绿化事业。

10 月，在芬次尔积极努力之下，在齐镇创办了西北农林专科学校眉县林场（住齐家寨，即今齐镇），任命苗圃主任、林业技师、场务干部各 1 人，设林警 5 人，雇工 100 余人。成立后的一年间，先后在三合庄、车场凹、井索沟、磨石沟、齐家寨东门外 5 处设立苗圃共 287 亩，拟定造林 6.5 万亩。帮助眉县开办槐芽林场，在其附近的渭河滩用杨、柳扦插造林，在营头林场车场凹（今车场凹工区）直播锐齿栎、栓皮栎和华山松，生长良好。还建立了解决苗圃水利灌溉的拦水坝和气象观测站，所用之设备仪器在当时是比较先进的。在我国实行森林航测，即由芬次尔开始。

10 月，齐敬鑫博士回国任国立西北农林专科学校教授。

---

[245] 于右任，邵子力. 于右任先生太白山纪游歌：邵力子先生登太白山的感想 [M]. 西安：西北周报社印，1934.

德国籍林学家戈特里布·芬次尔年谱

是年，芬次尔等沿渭河及秦岭北坡进行考察，据此建立了眉县齐家寨和咸阳两个校属实习林场，芬次尔还等多次深入周至山区和渭水河滩考察。民国30年（1941年）根据他生前的设计，成立了周至林场。

是年，芬次尔《海南岛：基于观察和文献的区域研究概览（Die Insel Hainan: Eine landeskundliche Skizze, dargestellt auf Grund eigner Reisebeobachtungen und des verhandenen Schrifttums）》发表在德国地理杂志《Petermanns Geographische Mitteilungen（彼得曼地理信息），下同》第26卷[246]。

• 1934年（民国23年）

是年春，陕西林务局芬次尔、齐敬鑫在黄河水利委员会开始主持在渭河沿岸冲积滩（咸阳林场）做造林实验（1933年9月国民政府黄河水利委员会成立，黄河治理始归统一筹划，下设林垦组，1940年改组为林垦设计委员会），造杨树、柳树林500亩，并在天水、甘谷、宝鸡、长安、渭南、朝邑等县设林场。

是年春，芬次尔到眉县视察林业，在考察中发现眉县齐家寨以南、太白山北麓一带山岭，长20 km，宽12 km，总面积约9万亩，都是荒山秃岭，大部分土壤优良，可供造林。便建议西北农林专科学校森林组在此筹建林场，遂购置场部及苗圃地419亩。

是年春，芬次尔主持在咸阳周陵筹建林场，购场部及苗圃用地820亩，用作渭河滩地造林试验的林地8 000亩，用作黄土高原造林林地约2 000亩。

3月1日，芬次尔著、王恭睦译《建设陕西渭河以南道路建议》刊登在《新亚细亚》第7卷3期[247]。

3月，咸阳林场成立，芬次尔担任技术总主任，统一筹划建设工程，开展育苗、造林及试验工作。

4月20日，国立西北农林专科学校正式成立，属国民政府教育部领导，校长于佑任，虽未到校就职，但以常务委员名义指挥进行。学校设置森林组，聘芬次尔为森林组教授并兼学校林场场长。

---

[246] G. Fenzel. Die Insel Hainan: Eine landeskundliche Skizze, dargestellt auf Grund eigner Reisebeobachtungen und des verhandenen Schrifttums[J]. Petermanns Geographische Mitteilungen, 1933（26）: 73-221.

[247] 芬次尔著，王恭睦译. 建设陕西渭河以南道路建议[J]. 新亚细亚, 1934, 7（3）: 37-43.

6月1日，芬次尔著、齐敬鑫译《沿渭泛滥区域及低冲积滩地之树木培植》刊登在《新亚细亚》第7卷6期[248]。

7月，陕西省政府主席邵力子聘芬次尔为陕西省政府森林高等顾问。

是年夏，芬次尔考察秦岭南北坡及汉中盆地，对这些地区的森林生长带和树木种类进行论述，筹建西北农专及眉县齐家寨、咸阳周陵等林场，并多次到秦岭等地进行林业考察。

10月19日，陕西省政府令第40号命令，设置陕西省林务局，建设厅厅长雷定华堪以兼任局长，芬次尔为顾问，堪以充任副局长，章令草拟本局组织计划，旋章委为本局副局长。齐敬鑫教授兼任林务局主任秘书[249]。

11月，由西安出发，沿秦岭北坡考察至眉县，建议再建立西楼观林场、槐芽林场。

12月，陕西省林务局在周至县焦镇设立西楼观林场，在眉县槐芽镇设立槐芽林场，将陕西省立林业试验场改名为陕西省林务局西安林场。

12月13日，芬次尔拟、齐敬鑫译的《陕西省林业发展之十年计划》上报至陕西省政府。

• 1935年（民国24年）

1月，陕西省政府决定成立陕西省林务局。在长安县草滩镇成立陕西省林务局草滩林场。

1月，芬次尔电函北平研究院，邀请白荫元（1905—1967，字榕森，陕西省榆林人，1931年毕业于北京师范大学，著名林学家）回陕西任国立西北农林专科学校森林组讲师兼陕西林务局植物技师。

2月，芬次尔与西北农林专科学校教师白荫元一同在陕西和甘肃采集植物标本。现在我国各地的植物标本馆保存有芬次尔在陕、甘、青、宁采集的植物标本共394号（份），西北农林科技大学植物标本馆保存有白荫元及芬次尔1934年采集的植物标本70号（份）。他们此行的目的是调查森林、采集标本，以便为拟订西北造林提供依据。

3月9日，1934年春陕西省林务局副局长芬次尔视察槐芽以北渭河南岸荒滩

---

[248] 芬次尔著，齐敬鑫译.沿渭泛滥区域及低冲积滩地之树木培植[J].新亚细亚1934，7（6）：5-11.
[249] 陕西省政府令（第四十号命令）[N].1934-10-19.

地，认为适宜造林1万余亩，立即呈报省政府。3月9日陕西省政府指令成立陕西省林务局槐芽林场，拟定造林地3 800亩，设苗圃110亩。设场长1人，森林技师1人，开展育苗，营造渭河保安林。

3月至4月，芬次尔与白荫元在陇县境内关山林区一带进行考察，在陇县对森林植被特别注意，撰写《关山森林概况及保管问题》报告。在考察报告中写道：此县境内肥沃之黄土遮被山丘，人烟稀少，所呈景象，实可重建森林，白皮松、油松、桧柏、侧柏等，均有生长之可能。在麟游县石臼山、招贤等地考察树种分布情况，建议引进刺槐。

4月，芬次尔拟、齐敬鑫译《河滩地插条造林实施办法》由陕西省林务局印发。

4月，国立西北农林专科学校设立图书室，黄连琴（湖北省汉口人，生于1910年前后，1929年9月武昌华中大学肄业进入私立武昌文华图书馆学专科学校本科，简称文华图专，英文名Boone Library School，1931年9月毕业，卒年不详）任主任，购置和受捐大量林业书籍，其中许多书籍由芬次尔建议购置。

4月，芬次尔和白荫元赴甘、宁、青三省调查西北森林，采集标本，整理鉴定，协助拟定西北造林大计。

5月上旬，芬次尔先生从潼关出发，出合阳，经韩城至禹门口，考察了黄河滩地地形地貌，提出了植树造林以控制流沙、保护堤岸的观点。此行考察后，陕西省林务局决定设立平民林场，造林地（黄河滩地）计较高沙地5万亩，旧河床地8万亩。是年冬，胶济铁路局给陕西省赠送刺槐种子20kg，开始较大量地引种，先在沙区种植，后来发展成为黄土高原的主要造林树种。

5月下旬，陕西省林务局副局长芬次尔和白荫元到甘肃调查森林，从西安出发，沿渭河西行，经过咸阳、武功、扶风、歧山、凤翔、陇州（陇县），越过陕西西部的关山到天水，再经六盘山到兰州兴隆山。在兰州短暂逗留后，先到宁夏贺兰山调查森林，约一周后返回兰州，然后从兰州到西宁，特别拜访了塔尔寺，然后从西宁西行到青海湖一带调查，由青海湖折向南行，经贵德、同仁，到藏族扎茂地区。藏区的森林在喇嘛寺的保护下，生长非常繁茂。调查以后，就转向东南行，到甘青交界的拉不楞，然后到甘肃南部的卓尼，这一带是岷山山脉中森林最好的地区。在这一带调查采集后，到岷县、礼县、成县后折回天水。在天水向当地驻守的东北军司令于学忠（1890—1964年，字孝侯，山东省蓬莱人，抗日爱国将领）办了通行护照，然后由天水经宝鸡回西安。这次调查历经5个多月的时间，每到一个地区，芬次尔十分注意考察这些地区的森林和地质，并作详细的记录和照相。

6月24日，芬次尔在兰州完成《马合山造林计划》（白荫元译）。

7月1日，应甘肃省政府主席朱绍良邀请，芬次尔博士在《西北日报》发表《甘肃造林在地理上之观察，并专论甘肃中部造林事业之中心马衔山造林计划》（白荫元译）一文[250]。

7月，1935年5月芬次尔考察黄河滩地地形地貌，提出植树造林以控制流沙、保护堤岸的观点。陕西省林务局平民林场在朝邑县严家庄成立。

9月，陕西林务局副局长芬次尔举办陕、甘、宁、青林务实际工作人员训练班，1936年1月陕西省林务局雷定华局长、芬次尔副局长聘齐敬鑫为甘、宁、青林务实际工作人员训练班主任，学期5个月，1936年2月结业。

11月，芬次尔原拟、齐敬鑫编译《陕西省各县苗圃设置及直接造林之方案》由陕西省林务局印发[251]。

11月，陕西省档案馆存《外国智识工人调查表》：芬次尔现任国民政府顾问、陕西省政府森林高等顾问。

12月，芬次尔完成《甘宁青三省造林计划》，到南京国民政府奔走，取道汉中经巴山到成都、重庆，过三峡由长江而下到达南京，沿途调查了巴山及四川的森林，从而又拟订了陕甘川宁青五省造林规划，向国民党中央政府呈述，希望该造林规划能在上述五省实现。

是年夏，兼任国民政府顾问。

• 1936年（民国25年）

是年春，国立西北农林专科学校林场改聘芬次尔为林艺组主任，省政府亦易其林务局副局长之职而改聘为顾问。芬次尔由具有机关行政权的技术官员成为纯技术官员，遂辞校职，局职亦不愿就。

2月，芬次尔著《秦岭天然林之育护及沿黄沿渭滩地之培植》公开印发[252]。

---

[250] 芬次尔著, 白荫元译. 甘肃造林在地理上之观察, 并专论甘肃中部造林事业之中心马衔山造林计划 [J]. 史地论文摘要月刊, 1935, 2 (1): 16-17.
[251] 芬次尔著, 齐敬鑫编译. 陕西省各县苗圃设置及直接造林之方案 [M]. 西安: 陕西省林务局, 1935.
[252] 芬次尔. 秦岭天然林之育护及沿黄沿渭滩地之培植 [M]. 西安: 陕西省林务局, 1936.

德国籍林学家戈特里布·芬次尔年谱

2月29日，陕西省政府呈国民政府实业部，建议由陕西省林务局筹设西北林务总局。附呈林务局副局长芬次尔博士1935年赴甘、宁、青实地考察后所著的《甘、宁、青三省林政之概况及其改进之刍议》。

3月，芬次尔著《中国西北林务局之组织法》刊登在《西北导报》第1卷11期[253]。

4月1日，芬次尔著《西北造林建议概要》和《陕西省林业组织及林业发展之十年计划》在《新亚细亚》第1卷第4期发表[254-255]。

4月26日，陕西省林务局刊印由芬次尔博士著、邵力子题名的《西北造林论》[256]。

5月3日，秘书主任齐敬鑫提出辞呈，陕西省林务局雷定华局长、芬次尔副局长给函慰留，6月齐敬鑫（之后改名齐坚如）辞职。

6月6日，芬次尔拟《陕西省林务局民国二十五年度扩充计划》上报陕西省政府。

6月20—26日，芬次尔在宁夏贺兰山考察和植物采集，所得标本送到瑞士维也纳博物馆，在我国中科院西北植物所也有部分标本保存。调查后，芬次尔博士为宁夏建设厅作《贺兰山森林保护及经管办法》。

7月15日，芬次尔著、齐敬鑫译《甘宁青三省林政之概况及其改进之刍议》刊登在《西北农林》创刊号[257]。

7月，南京国民政府教育部任命辛树帜为西北农林专科学校校长。

7月，国立西北农林专科学校与芬次尔聘约期满。经陕西省政府主席邵力子与国立西北农林专科学校商定，芬次尔由陕西省政府和国立西北农林专科学校合聘，其薪俸由双方分担。

7月，到陇县考察，撰有《陇县森林政策之建议》和《关山森林政策之刍议》。

7月，白荫元赴德国深造林学。1935年4月在甘、宁、青三省调查森林后，芬次尔向陕西省政府推荐白荫元到德国明星大学留学深造，1936年春陕西省政府正式决定派遣白荫元赴德国深造林学，8月赴德，1939年7月获森林学博士学位回国。

---

[253] 芬次尔著.中国西北林务局之组织法[J].西北导报，1936，1（11）：6-7.
[254] 芬次尔.西北造林建议概要[J].新亚细亚，1936，1（11）：1-6.
[255] 芬次尔著.陕西省林业组织及林业发展之十年计划[J].新亚细亚，1936，11（4）：9-18.
[256] 芬次尔.西北造林论[M].西安：陕西省林务局印，1934.
[257] 芬次尔著，齐敬鑫译.甘、宁、青三省林政之概况及其改进之刍议[J].西北农林，1936（创刊号）：1-11.

8月，芬次尔为筹办关山林场，冒盛夏酷暑前往陇县，返回西安时，感觉精神不适。然就在此时，他上报的《陕西省林务局民国二十五年度扩充计划》被核准实施。芬次尔抱病筹备，由于昼夜操劳，得失眠症，终日头痛难忍。省府主席邵力子劝他赴青岛休养，他执拗不从，后经多次催促，方决定于8月14日前往青岛。

8月13日，下午病情加剧，由省林务局德籍视察员罗特陪同，入西安广仁医院治疗。

8月14日，因病在西安逝世，时年40岁，终身未婚。

8月15日，上午10时，各界在西安卧龙寺公祭芬次尔博士，仪式隆重。陕西省政府主席邵力子致悼词，称"芬博士系德籍，对其祖国爱护甚深，且对中国林业方面异常努力，并期望中国实业能有相当之发展，藉以达到中国国家之富强"，"期望中德关系日趋和睦"等。国立西北农林专科学校、陕西各林场均举行仪式向芬次尔致哀。德国驻华大使馆代办飞师尔（Martin Fischer）、于佑任、张继、朱家骅等纷纷致电邵力子表示痛悼，中央新闻社、华西新闻社、《新秦日报》《西京日报》等媒体纷纷报道。芬次尔的遗骸经与德国驻华大使派来的代表毕德商妥，葬于西安市莲湖公园。陕西省林务局为永久纪念芬次尔，拟以芬次尔遗产造一纪念林场。

8月，沙孟海经中英文教基金董事会董事长朱家骅布置，受当时陕西省主席邵力子的邀请，用蔡邕的笔调，撰并书《陕西省林务局副局长芬次尔君墓碣铭》一篇。

11月1日，中德文化协会在德奥瑞同学会（广州）开会追悼芬次尔及河南大学教授狄伦次（Dilerz，又译为狄伦子、狄莱士，1936年5月被害于铁塔脚）两博士，与商承祖理事报告。追悼会有中德人士80余人参加，由蒋复璁理事主祭，郭有守赞礼，戴传贤院长致悼词，其次飞师尔代办及国社党南京支部代表纳霍德、中央大学教授张贵承等先后致辞。

11月，芬次尔墓在陕西省西安莲湖公园建成，铜质墓牌正面用中德两种文字书：1896年10月13日出生于德国努连堡城 陕西省林务局副局长芬次尔博士之墓 1936年8月14日殁于西安。墓志铭由邵力子撰，宋联奎书，郭希安刻，长83cm、高54cm，正书23行、每行35字，拓片现存于西北民族大学图书馆。其墓碑在文革期间被毁，墓基尚存，墓牌完好。

● 1937年（民国26年）

8月至9月，芬次尔著、范期华译的《关山森林概况及其保管问题》刊登在《西北林讯》第4至6期[258-260]。

9月，Fabricius Kurze Nachrichten 所著的《Dr. phil. Gottlieb fenzel, bayr. Regierungsforstrat（巴伐利亚政府林业专员戈特里布·芬次尔博士）》在《Forstwissenschaftliches Centralblatt（欧洲林业科学杂志）》第59卷第18期上刊登。

12月，芬次尔所著的《Northern China Taipei Moutains in Tsinglinshan（中国北部秦岭太白山）》发表在《Petermanns Geographische Mitteilungen》第83卷7/8期[261]。

● 2012年

6月13日，西安市人民政府关于公布西安市第三次全国文物普查不可移动文物名录的通知（市政发〔2012〕63号）：芬兹尔墓（民国、青年路街道）为西安市第三次全国文物普查不可移动文物。

---

[258] 芬次尔著，范期华译. 关山森林概况及其保管问题[J]. 西北林讯，1939（4）：9-11.
[259] 芬次尔著，范期华译. 关山森林概况及其保管问题（续）[J]. 西北林讯，1939（5）：2-5.
[260] 芬次尔著，范期华译. 关山森林概况及其保管问题（续）[J]. 西北林讯，1939（6）：3-6.
[261] G. Fenzel. Northern China Taipei Moutains in Tsinglinshan[J]. Petermanns Geographische Mitteilungen，1937，83（7-8）：203-206.

凌道扬、姚传法、韩安、李寅恭、陈嵘、梁希年谱

后 记

  本年谱的编撰得到海内外"共谋中国森林学术及事业之发达"志士同仁的无私帮助。年谱资料收集自2002年起，2005年前后得到北京林业大学汪振儒教授、王九龄教授指导，之后得到清华大学官鹏教授，南京大学居为民教授，华南农业大学倪根金教授、陈世清教授，国家林业局周鸿升教授级高级工程师，美国加州大学伯克利分校陈焱磊博士，美国约翰霍普金斯大学褚世敢博士等的大力帮助，对来自各方面的帮助表示十分的谢意。年谱资料主要来自于中国第二历史档案馆、国家林业局档案室、广东省档案馆、广州市国家档案馆、陕西省档案馆、四川省档案馆、上海市档案馆、山东省档案馆、青岛市档案馆、中山大学、华南农业大学、华南师范大学、北京林业大学、南京林业大学、西北农林科技大学、西安市民政局、宝鸡市林业局、国家图书馆、广州市中山图书馆、南京市图书馆、兰州市图书馆、中国林业科学研究院图书馆、西北民族大学图书馆、中国林学会、香港中文大学崇基学院以及美国耶鲁大学、哈佛大学、丹尼森大学、康奈尔大学、密歇根大学、威斯康星大学、麻省大学、加州大学伯克利分校、德国慕尼黑大学等的相关馆藏资料。

  森林利益关系国计民生，至为重大。今年是韩安先生、梁希先生诞辰135周年，凌道扬先生、陈嵘先生诞辰130周年，姚传法先生诞辰125周年，李寅恭先生逝世60年，年谱的出版不仅是对中国林业事业的先驱和开拓者的纪念，同时也激励我们不忘初心，自强不息，牢记使命，砥砺前行，谱写林业发展新的篇章。

王希群

2018年3月20日记于中国林业科学研究院